图解·一学就会系列

图解 ABB 工业机器人电路连接及检测

耿春波　耿琦菲　**编　著**

U0178976

机 械 工 业 出 版 社

本书共分9章，通过图解的方式讲解ABB工业机器人的电路连接和检测。本书涉及ABB工业机器人IRC5标准控制柜和IRC5C紧凑控制柜，主要内容包括系统电源模块、电源分配板、主计算机、轴计算机板、安全板、接触器板、驱动板、串口测量板、输入输出I/O模块的电路连接和检测。通过这些内容的学习，可帮助读者提高ABB工业机器人的调试和维修水平。本书提供PPT课件，可联系QQ 296447532获取。

本书适合企业中从事工业机器人调试和维修的工程技术人员，以及大专院校工业机器人维修调试、机电一体化、电气自动化及其他相关专业师生阅读。

图书在版编目（CIP）数据

图解ABB工业机器人电路连接及检测 / 耿春波，耿琦菲编著. —北京：机械工业出版社，2021.10

（图解 · 一学就会系列）

ISBN 978-7-111-69357-4

Ⅰ. ①图… Ⅱ. ①耿… ②耿… Ⅲ. ①工业机器人—电路图—图解

Ⅳ. ① TP242.2-64

中国版本图书馆CIP数据核字（2021）第204174号

机械工业出版社（北京市百万庄大街22号　邮政编码100037）

策划编辑：周国萍　　　　　　　责任编辑：周国萍　刘本明
责任校对：肖　琳　李　婷　　　责任印制：张　博

涿州市京南印刷厂印刷

2022年1月第1版第1次印刷

184mm×260mm · 8.25印张 · 176千字

0001—2500册

标准书号：ISBN 978-7-111-69357-4

定价：49.00元

电话服务　　　　　　　　　　　网络服务

客服电话：010-88361066　　　机　工　官　网：www.cmpbook.com
　　　　　010-88379833　　　机　工　官　博：weibo.com/cmp1952
　　　　　010-68326294　　　金　书　网：www.golden-book.com
封底无防伪标均为盗版　　　机工教育服务网：www.cmpedu.com

前言 Preface

　　随着 ABB 工业机器人的广泛应用，大专院校的广大师生不再满足于编程与操作，另外，企业中的工程技术人员，尤其是从事与电气控制相关的技术人员，迫切要求了解和学习 ABB 工业机器人详细的电路结构及维护技能，本书可满足这部分读者的需求。

　　本书在第 1 章中介绍了 ABB 工业机器人 IRC5 标准控制柜和 IRC5C 紧凑控制柜的结构，让读者从整体上了解 ABB 工业机器人控制系统的布局。第 2～9 章详细介绍了系统电源模块、电源分配板、主计算机、轴计算机板、安全板、接触器板、驱动板、串口测量板、输入输出 I/O 模块的电路连接和检测，这 9 种部件按照电源的供给、部件接口的连接和作用、部件上发光二极管（LED）提示的状态等顺序来介绍，详细介绍了以上各部件的电路结构，绘制了规范易懂的电路图，以期提高读者对 ABB 工业机器人电路的识读水平。另外，由于 ABB 工业机器人有不同的规格和版本，电路连接会有细微不同，这点请读者注意。本书最后附录部分列出了 ABB 工业机器人常见故障及说明，供读者实际工作中使用。为方便读者学习，提供 PPT 课件，可联系 QQ 296447532 获取。

　　为便于一线读者学习使用，书中的一些图形符号及名词术语按行业习惯呈现，未全按国家标准统一，敬请谅解。

　　在本书编写过程中，参考了 ABB 工业机器人的说明书，在此表示感谢。由于编著者水平有限，书中难免有错误和不足之处，敬请读者批评指正。

编著者

目录 Contents

第1章 ABB 工业机器人 IRC5 控制柜组成及作用

ABB 工业机器人控制柜有 IRC5 标准控制柜和 IRC5C 紧凑控制柜两种。IRC5 标准控制柜要求输入三相 380V 交流电，IRC5C 紧凑控制柜要求输入单相 220V 交流电。

1.1 ABB 工业机器人 IRC5 标准控制柜的组成及作用

ABB 工业机器人 IRC5 标准控制柜如图 1-1 所示。

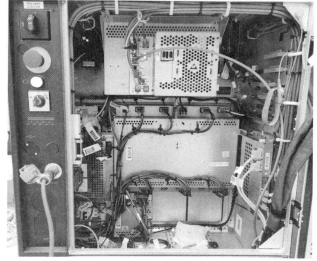

图 1-1

1.1.1 主计算机

主计算机相当于计算机的主机，用于存放系统软件和数据。型号为 DSQC639 的主计算机如图 1-2 所示，型号为 DSQC1000 的主计算机如图 1-3 所示。主机需要系统电源模块提供 24V 直流电才能工作。主机插有主机启动用的存储器（CF 卡），此存储器又称为 SD 卡，如图 1-4 所示。

图 1-2

图 1-3

图 1-4

1.1.2 轴计算机板

主计算机发出控制指令后，首先传给轴计算机板，轴计算机板将指令进行处理后传递给驱动板。轴计算机板还处理串口测量板（SMB）传递的编码器信号。图 1-5 为轴计算机板安装在控制柜里，图 1-6 为拆下的轴计算机板。

轴计算机板

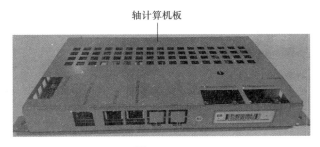

轴计算机板

图 1-5

图 1-6

1.1.3　驱动板

驱动板先将变压器提供的三相交流电整流成直流电，再将直流电逆变成交流电，用于驱动交流伺服电动机控制工业机器人各个关节运动，如图 1-7 所示。

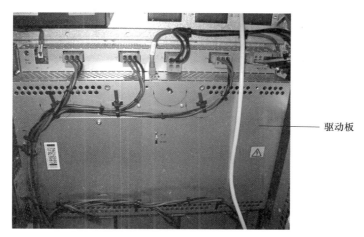

图　1-7

1.1.4　示教器和控制柜操作面板

示教器和控制柜操作面板用于进行手动操作、调试工业机器人运动，如图 1-8、图 1-9 所示。控制柜操作面板上有电源总开关、急停按钮、电动机通电 / 复位按钮、工业机器人模式转换开关。按白色的电动机通电 / 复位按钮，开启电动机。工业机器人处于急停状态，松开急停按钮后，按白色的电动机通电 / 复位按钮，工业机器人恢复正常状态。

图　1-8

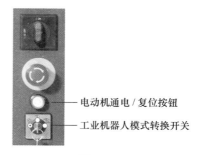

图　1-9

1.1.5　串口测量板

串口测量板（SMB）将伺服电动机的编码器的位置信息进行处理和保存。在控制柜断电的情况下，电池（有 10.8V 和 7.2V 两种规格）给串口测量板供电，可以保存相关的数据，使得串口测量板具有断电保持功能，如图 1-10 ～图 1-12 所示。

串口测量板 ←

→ 串口测量板

图　1-10　　　　　　　　　　　　图　1-11

电池 ←

图　1-12

1.1.6　系统电源模块

系统电源模块将 230V 交流电整流成 24V 直流电，给主计算机、示教器等系统组件提供直流 24V 电源，如图 1-13、图 1-14 所示。

→ 系统电源模块

图　1-13　　　　　　　　　　　　图　1-14

1.1.7　电源分配板

电源分配板将系统电源模块的 24V 直流电源分配给各个组件，如图 1-15、图 1-16 所示。各接口作用详叙如下。

X1：24V DC input 直流 24V 输入。

X2：AC ok in/temp ok in 交流电源和温度正常控制回路。

X3：24V sys，给轴计算机板、驱动板、接触器板供电。

X4：24V I/O，给外部 PLC 或 I/O 单元供电。

X5：24V brake/cool，给接触器板的制动、冷却风扇回路供电。

X6：24V Pc/sys/cool，其中 Pc 给主计算机供电，sys/cool 给安全板供电。

X7：Energy bank，给电容单元供电。

X8：USB，与主计算机的 USB2 通信。

X9：24V cool，给风扇单元供电。

电源分配板

图　1-15　　　　　　　　　　　　　　　　　　图　1-16

1.1.8　电容单元

电容单元用于工业机器人关闭电源后，持续给主计算机供电，保存数据后再断电，起延时断电的作用，如图 1-17 所示。

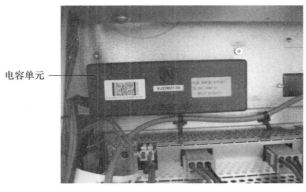

电容单元

图　1-17

1.1.9　接触器板

如图 1-18 所示，接触器板上的 K42、K43 接触器吸合，可给驱动板提供三相交流电；K44 接触器吸合，可给电动机制动线圈提供 24V 直流电，使电动机旋转，工业机器人各关节运动。

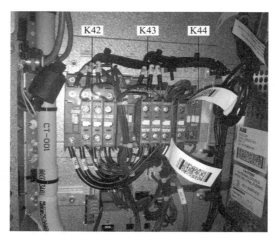

图　1-18

1.1.10　安全板

安全板用于控制工业机器人的常规停止（GS1、GS2）、自动停止（AS1、AS2）、上级停止（SS1、SS2）和紧急停止（ES1、ES2）等，如图 1-19 所示。

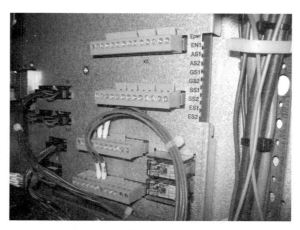

图　1-19

1.1.11　变压器

变压器将输入的三相 380V 交流电变换成三相 480V（或 262V）交流电，以及单相

230V、单相 115V 交流电。变压器的上方是风扇单元，风扇单元的主要作用是冷却控制柜，如图 1-20 所示。

风扇单元

变压器

图　1-20

1.1.12　泄流电阻

将工业机器人多余的能量通过泄流电阻转换成热能释放掉，如图 1-21 所示。

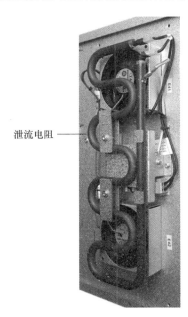

泄流电阻

图　1-21

1.1.13　客户 I/O 供电模块

客户 I/O 供电模块可以给外部继电器、电磁阀提供 24V 直流电，如图 1-22 所示。

客户 I/O 供电模块

图　1-22

1.1.14　I/O 单元模块

ABB 标准 I/O 板提供的常用信号有数字输入 di、数字输出 do、模拟输入 ai、模拟输出 ao 以及输送链跟踪功能中的编码器信号、同步开关等，如图 1-23 所示。

I/O 单元模块

图　1-23

1.1.15　控制柜整体连接图

ABB 控制柜的整体连接图如图 1-24 所示。主计算机由 X9 发出控制指令，轴计算机板的 X2 接口接收控制指令。轴计算机板由 X11 连接驱动板的 X8 输出控制指令，驱动板控制 J1 ～ J6 轴伺服电动机运动。J1 ～ J6 轴伺服电动机的编码器信号从串口测量板的 X2、X5 输入，编码器信号经过串口测量板处理后，由 X1 反馈到轴计算机板的 X4 接口，实现运动的闭环控制。这是最重要的控制环节。

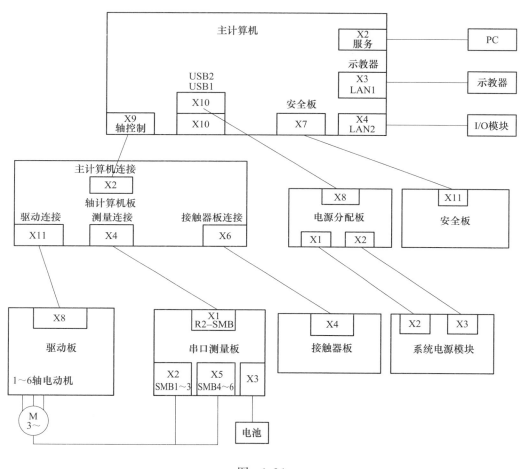

图　1-24

1.2　ABB 工业机器人 IRC5C 紧凑控制柜的组成及作用

1.2.1　ABB 工业机器人 IRC5C 紧凑控制柜主视图

打开控制柜正面的盖子，ABB 工业机器人 IRC5C 紧凑控制柜如图 1-25 所示。

XS7 XS8 XS9
(安全板接口)

S21.1
(模式开关)

S21.3
(急停按钮)

XS4(示教器插头)

XS1(伺服电缆插头)

XS41(附加轴编码器接口)

XS2(本体编码器接口)

S21.2(电动机上电/复位按钮)

主计算机

XS0 (主电源插头)

主电源开关 Q1

图 1-25

1.2.2 ABB 工业机器人 IRC5C 紧凑控制柜俯视图

打开控制柜上方的盖子，内部模块如图 1-26 所示。

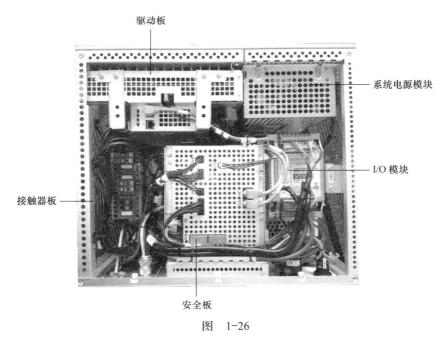

驱动板

系统电源模块

I/O 模块

接触器板

安全板

图 1-26

1.2.3 ABB 工业机器人 IRC5C 紧凑控制柜左视图

打开控制柜左侧的盖子，内部模块如图 1-27 所示。

接触器板

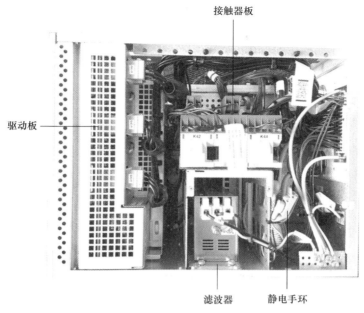

驱动板

滤波器　　静电手环

图　1-27

1.2.4　ABB 工业机器人 IRC5C 紧凑控制柜右视图

打开控制柜右侧的盖子，内部模块如图 1-28 所示。

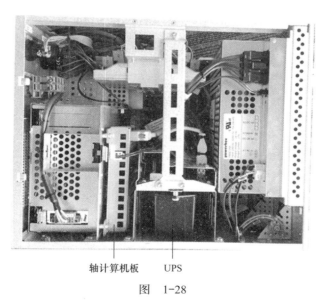

轴计算机板　　UPS

图　1-28

1.2.5　ABB 工业机器人 IRC5C 紧凑控制柜后视图

打开控制柜后侧的盖子，内部模块如图 1-29 所示。

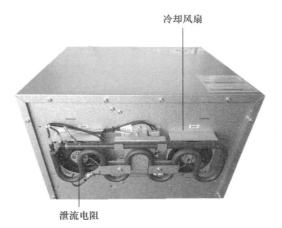

冷却风扇

泄流电阻

图 1-29

第 2 章 系统电源模块和电源分配板

系统电源模块将交流电整流成直流电，然后通过电源分配板分配给各个组件。ABB 工业机器人常用的系统电源模块型号是 DSQC661，输入 230V、50/60Hz、10A 的交流电，输出 24V、27A 直流电，如图 2-1 所示。DSQC661 上面的标签如图 2-2 所示。

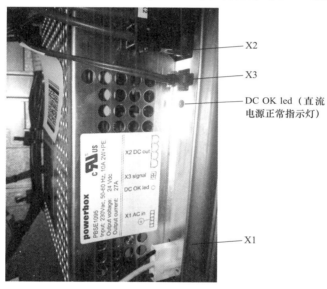

图　2-1

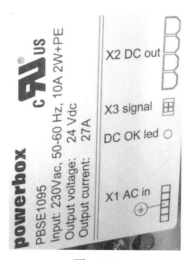

图　2-2

2.1　系统电源模块接口的作用

系统电源模块的代号为 G1，其接口的位置如图 2-3 所示，具体说明如下。

X1：交流控制电压输入端，交流 230V、50/60Hz、10A。

X2：直流 +24V 输出端。

DC OK led：直流电源指示灯（正常时为绿色长亮）。

X3：交流电源和温度正常检测回路。

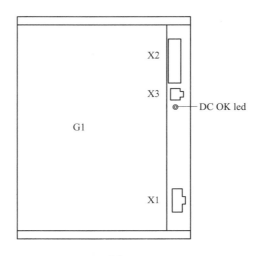

图　2-3

ABB 工业机器人电源分配板的型号是 DSQC662，如图 2-4 所示，其作用是将系统电源模块的 24V 电源分配给各个组件。

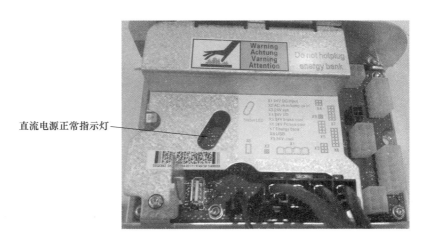

图　2-4

2.2 电源分配板接口的连接

电源分配板的代号为 G2，其接口的位置如图 2-5 所示，具体说明如下。

X1：24V DC input，直流 24V 输入。

X2：AC ok in/temp ok in，交流电源和温度正常检测回路。

X3：24V sys，给轴计算机板、驱动板、接触器板供电。

X4：24V I/O，给外部 PLC 或 I/O 单元供电。

X5：24V brake/cool，给接触器板的制动、风扇冷却回路供电。

X6：24V Pc/sys/cool，其中 Pc 给主计算机供电，sys/cool 给安全板供电。

X7：Energy bank，给电容单元供电。

X8：USB，与主计算机的 USB2 接口连接。

X9：24V cool，给风扇单元供电。

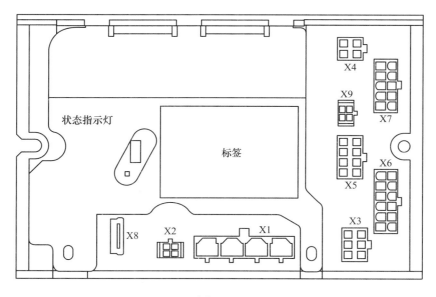

图　2-5

2.3 IRC5 标准控制柜系统电源模块和电源分配板的连接

IRC5 标准控制柜的系统电源模块和电源分配板的连接如图 2-6 所示。

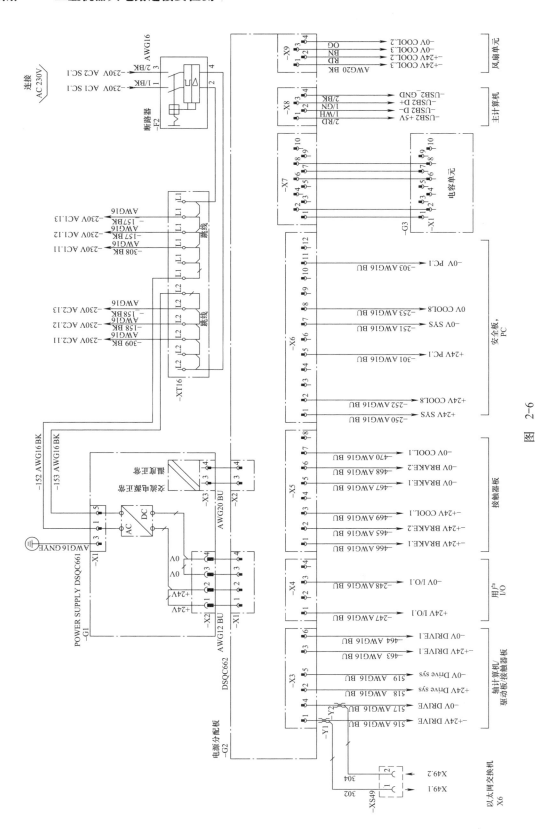

图 2-6

2.3.1　系统电源模块 X1 的连接

单相交流电源 230V 经过断路器 F2 输入系统电源模块 X1 的 1、5 端子，线号分别为 152、153，系统电源模块的整流单元产生直流 +24V 电压，如图 2-6 所示。断路器 F2、接线端子 XT16 如图 2-7 所示。

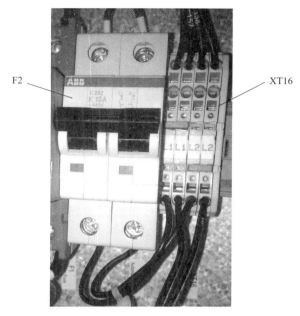

图　2-7

2.3.2　系统电源模块 X2 的连接

系统电源模块整流产生的直流电源经过 X2 接口的 1、2 端子输出 +24V 电压，X2 接口的 3、4 端子输出 0V 电压，给电源分配板提供直流电源，如图 2-6 所示。

2.3.3　系统电源模块 X3 的连接

系统电源模块的"交流电源正常"检测回路通过 X3 的 3 端子与电源分配板 X2 接口的 3 端子连接，"温度正常"检测回路通过 X3 的 4 端子与电源分配板 X2 接口的 4 端子连接，如图 2-6 所示。

2.3.4　电源分配板 X1 的连接

电源分配板 X1 接口的 1、2 端子输入 +24V，X1 接口的 3、4 端子输入 0V 电压，X1 作为电源分配板的电源输入接口。

2.3.5 电源分配板 X2 的连接

"交流电源正常"检测回路通过 X2 的 3 端子与系统电源模块 X3 的 3 端子连接，检测系统电源模块 G1 的 X1 输入 AC 230V 电源是否正常；"温度正常"检测回路通过 X2 的 4 端子与系统电源模块 X3 的 4 端子连接，检测系统电源模块 G1 的温度是否正常，如图 2-6 所示。

2.3.6 电源分配板 X3 的连接

电源分配板 X3 的 1 端子（线号 516）输出 +24V 电压、4 端子（线号 517）输出 0V 电压，给轴计算机板提供工作电源，如图 2-8 所示。

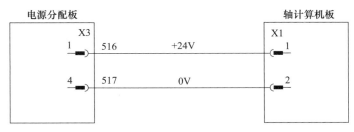

图 2-8

电源分配板 X3 的 2 端子（线号 518）输出 +24V 电压、5 端子（线号 519）输出 0V 电压，给驱动板提供工作电源，如图 2-9 所示。

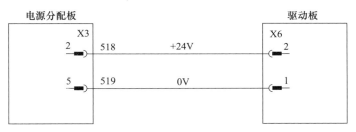

图 2-9

电源分配板 X3 的 3 端子（线号 463）输出 +24V 电压、6 端子（线号 464）输出 0V 电压，给接触器板提供工作电源，如图 2-10 所示。

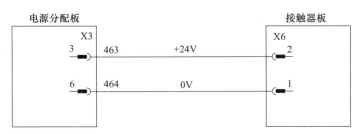

图 2-10

2.3.7　电源分配板 X4 的连接

电源分配板 X4 的 1 端子（线号 247）输出 +24V 电压、3 端子（线号 248）输出 0V 电压，给 PLC 或 I/O 单元供电。

2.3.8　电源分配板 X5 的连接

电源分配板 X5 的 1 端子（线号 466）输出 +24V 电压、5 端子（线号 467）输出 0V 电压，通过接触器板给制动回路提供电源，如图 2-11 所示。

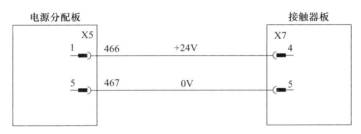

图　2-11

电源分配板 X5 的 2 端子（线号 465）输出 +24V 电压、6 端子（线号 468）输出 0V 电压，通过接触器板给制动回路提供电源，如图 2-12 所示。

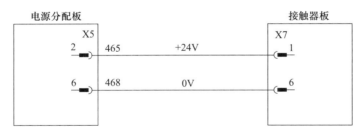

图　2-12

电源分配板 X5 的 3 端子（线号 469）输出 +24V 电压、7 端子（线号 470）输出 0V 电压，通过接触器板给风扇冷却回路提供电源，如图 2-13 所示。

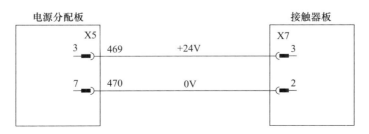

图　2-13

2.3.9 电源分配板 X6 的连接

电源分配板 X6 的 1 端子（线号 250）输出 +24V 电压、7 端子（线号 251）输出 0V 电压，给安全板的急停、使能回路提供工作电源，如图 2-14 所示。

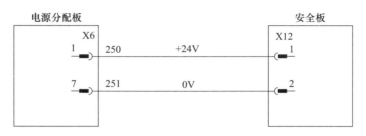

图　2-14

电源分配板 X6 的 2 端子（线号 252）输出 +24V 电压、8 端子（线号 253）输出 0V 电压，通过安全板给风扇冷却回路提供工作电源，如图 2-15 所示。

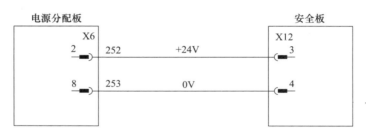

图　2-15

电源分配板 X6 的 5 端子（线号 301）输出 +24V 电压、11 端子（线号 303）输出 0V 电压，给主计算机提供电源，如图 2-16 所示。

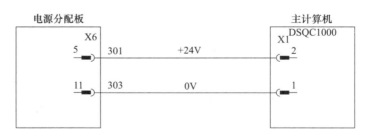

图　2-16

2.3.10 电源分配板 X7 的连接

电源分配板 X7 的 1、2、6、7、8 端子与电容单元连接，实现电容单元的充放电控制。电容单元在控制柜断电时可以放电 2min，为主机保存数据提供电源。主机保存数据需要

30s。电容单元由 11 个 2.7V、100F 的电容组成。

2.3.11　电源分配板 X8 的连接

电源分配板 X8 与主计算机的 USB2 连接，实现电源分配板与主机的通信，提供 USB 口 5V 电源 X8 的 1 端子提供 5V、4 端子提供 0V 电源，X8 的 2、3 端子为数据信号，如图 2-17 所示。

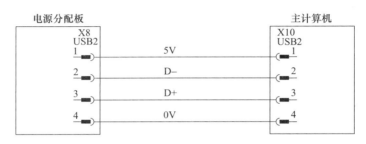

图　2-17

2.3.12　电源分配板 X9 的连接

电源分配板 X9 的 1、2 端子输出 24V 电压，3、4 端子输出 0V 电压，给风扇单元提供工作电源，如图 2-18 所示。风扇单元的主要作用是冷却控制柜。风扇单元的位置如图 1-20 所示。

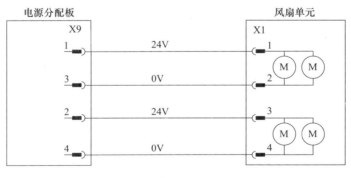

图　2-18

2.4　IRC5C 紧凑控制柜系统电源模块和电源分配板的连接

IRC5C 紧凑控制柜的系统电源模块和电源分配板的连接如图 2-19 所示。

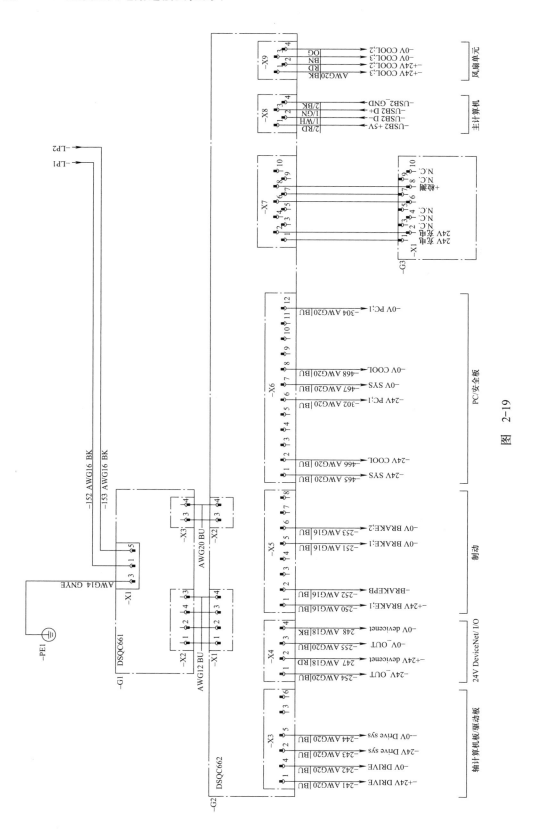

图 2-19

2.4.1　系统电源模块 X1 的连接

单相交流电源 230V 输入到系统电源模块 X1 的 1、5 端子，线号分别为 152、153，系统电源模块的整流单元产生 +24V 直流电源。

2.4.2　系统电源模块 X2 的连接

系统电源模块整流产生的直流电源经过 X2 的 1、2 端子输出 24V，X2 的 3、4 端子输出 0V 电压，给电源分配板提供直流电源，如图 2-19 所示。

2.4.3　系统电源模块 X3 的连接

系统电源模块的"交流电源正常"控制回路通过 X3 的 3 端子与电源分配板 X2 接口的 3 端子连接，"温度正常"控制回路通过 X3 的 4 端子与电源分配板 X2 接口的 4 端子连接，如图 2-19 所示。

2.4.4　电源分配板 X1 的连接

电源分配板 X1 的 1、2 端子输入 24V，X1 的 3、4 端子输入 0V 电压，X1 作为电源分配板的电源输入接口，如图 2-19 所示。

2.4.5　电源分配板 X2 的连接

"交流电源正常"控制回路通过 X2 的 3 端子与系统电源模块 X3 接口的 3 端子连接，"温度正常"控制回路通过 X2 的 4 端子与系统电源模块 X3 接口的 4 端子连接，如图 2-19 所示。

2.4.6　电源分配板 X3 的连接

电源分配板 X3 的 1 端子（线号 241）输出 +24V 电压、4 端子（线号 242）输出 0V 电压，给轴计算机板提供电源，如图 2-20 所示。

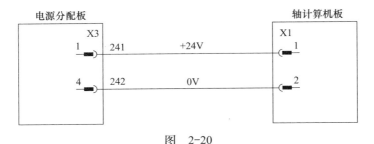

图　2-20

电源分配板 X3 的 2 端子（线号 243）输出 +24V 电压、5 端子（线号 244）输出 0V 电压，给驱动板提供电源，如图 2-21 所示。

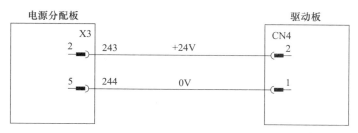

图 2-21

2.4.7 电源分配板 X4 的连接

电源分配板 X4 的 1 端子（线号 254）输出 +24V 电压、3 端子（线号 255）输出 0V 电压，给以太网交换机等供电，如图 2-22 所示。

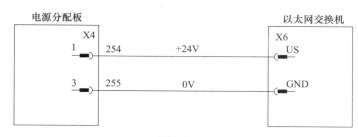

图 2-22

电源分配板 X4 的 2 端子（线号 247）输出 +24V 电压、4 端子（线号 248）输出 0V 电压，给进行 DeviceNet 通信的 I/O 模块 DSQC652 等提供所需的 +24V 和 0V 电源，如图 2-23 所示。

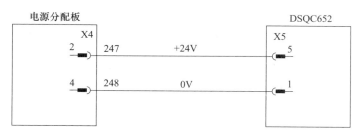

图 2-23

2.4.8 电源分配板 X5 的连接

电源分配板 X5 的 1 端子（线号 250）输出 +24V 电压、5 端子（线号 251）输出 0V 电压。通过接触器 K42、K43、K44 的常开触点给抱闸制动回路提供 24V 电源，线号为 435。通过 BR.XS/BR.XP1 的 5 端子（线号 437）和 XS/XP1 的 B14 端子抱闸制动回路提供 0V 电源，如图 2-24 所示。

电源分配板 X5 的 2 端子（线号 252）输出 +24V 电压，通过 BR.XS/BR.XP1 的 2 端子（线号 434）和 XS/XP1 的 B16 端子提供手动解除抱闸制动所需的电源，如图 2-25 所示。

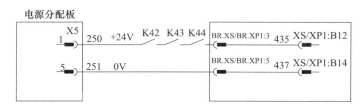

图　2-24

图　2-25

2.4.9　电源分配板 X6 的连接

电源分配板 X6 的 1 端子（线号 465）输出 +24V 电压、7 端子（线号 467）输出 0V 电压，给安全板的急停、使能回路提供工作电源，如图 2-26 所示。

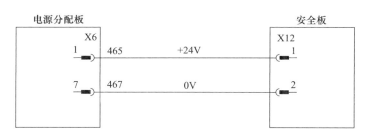

图　2-26

电源分配板 X6 的 2 端子（线号 466）输出 +24V 电压、8 端子（线号 468）输出 0V 电压，通过安全板给风扇冷却回路提供工作电源，如图 2-27 所示。

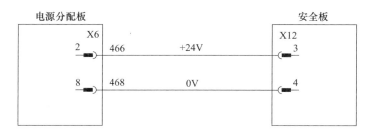

图　2-27

分配板 X6 的 6 端子（线号 302）输出 +24V 电压、12 端子（线号 304）输出 0V 电压，给主计算机提供电源，如图 2-28 所示。

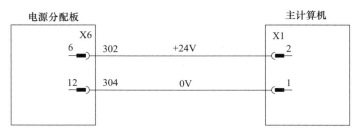

图 2-28

2.4.10 电源分配板 X7 的连接

电源分配板 X7 的 1、2、6、7、8 端子与电容单元连接，实现电容单元的充放电控制。电容单元断电时放电 2min，为主机保存数据提供电源。主机保存数据需要时间约 30s。

2.4.11 电源分配板 X8 的连接

电源分配板 X8 连接主计算机的 X10（USB2），实现电源分配板与主机的通信，X8 的 1 端子提供 5V、4 端子提供 0V 电源，X8 的 2、3 端子为数据信号，如图 2-29 所示。

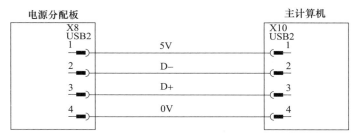

图 2-29

2.4.12 电源分配板 X9 的连接

电源分配板 X9 的 1、2 端子输出 24V 电压，3、4 端子输出 0V 电压，给风扇单元提供电源，如图 2-30 所示。风扇单元的主要作用是冷却控制柜。

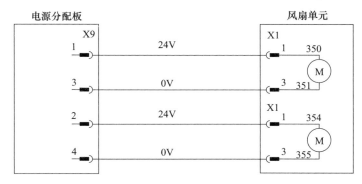

图 2-30

26

2.5　系统电源模块的检测和诊断

系统电源模块直流电源正常指示灯 DC OK led 的含义见表 2-1。

表　2-1

名称	含义
DC OK led	绿灯：所有直流输出都超出指定的最低水平，表示为正常状态 关：一个或多个直流输出低于指定的最低水平，表示为异常状态

系统电源模块的检测、故障诊断及排除流程见表 2-2。

表　2-2

步骤	测试流程	说明	故障诊断及排除
1	检查 DSQC661 上的 LED 指示灯	LED 指示灯标记为 DC OK led	1）LED 指示灯为绿色时，DSQC661 处于正常工作 2）LED 指示灯为脉冲绿色，是直流输出没有正确连接任何单元（负载）或者输出存在短路。继续执行步骤 2 3）LED 指示灯熄灭，是 DSQC661 有故障或者输入电压不足。执行步骤 4
2	检查直流输出和所接的单元之间的连接情况	确保电源连接到 DSQC662。为使 DSQC661 正确工作，要求直流输出连接器 X2 上带最低 2A 的负载	1）如果连接正常，则继续执行步骤 3 2）如果连接有故障或者电源未接到 DSQC662，应维修连接并将其接好 3）检查确认故障已经排除，必要时重新开始本指南
3	检查直流输出是否存在短路	1）检查 DSQC661 上的直流输出连接器 X2 和 DSQC662 上的输入连接器 X1 2）测量电压引脚和地之间的电阻。该电阻不应小于 10Ω 注意：不要测量两个引脚之间的电阻。对电源和地都使用了双引脚	1）如果没有短路，则继续执行步骤 4 2）如果 DSQC661 短路，则执行步骤 10 3）如果 DSQC662 短路，则维修该设备使其正常工作 4）检查确认故障已经排除，如有必要，可重新开始测试流程
4	在输出连接到 DSQC662 或其他负载的情况下测量直流电压	1）DSQC661 需要至少 2A 的负载以输出 +24V 电压 2）在直流输出连接器 X2 处用电压表测量电压。该电压应为：+24V< U<+27V 3）如果在负载处测得的电压低于 +24V，说明电缆和连接器中有电压降	1）如果检测到电压正确且 DC OK led 为绿色，则电源工作正常 2）如果检测到电压正确且 DC OK led 熄灭，则认为电源有故障但不必立即更换 3）如果检测到没有电压或者电压错误，则继续执行步骤 5

（续）

步骤	测试流程	说明	故障诊断及排除
5	测量到 DSQC661 的输入电压	使用电压表测量电压。电压应为 $172<U<276V$	1）如果输入电压正确，则执行步骤 10 2）如果检测到没有电压或者输入电压错误，则继续执行步骤 6
6	检查开关 Q1、Q2	确保是闭合的	1）如果开关是闭合的，则继续执行步骤 7 2）如果开关是开路的，可将它们闭上 3）验证故障已经修正，如有必要，可重新启动测试流程
7	检查断路器 F2 和可选断路器 F6（如有使用）	确保是接通的	1）如果断路器接通，则继续执行步骤 8 2）如果断路器断开，则将它们闭合或更换 3）验证故障已经修正，如有必要可重新启动测试流程
8	确保到机柜的输入电压是该特定机柜的正确电压		1）如果输入电压正确，则继续执行步骤 9 2）如果输入电压不正确，应进行调整 3）验证故障已经修正，如有必要可重新启动测试流程
9	检查电缆	确保电缆正确连接且无故障	1）如果电缆正常，问题很可能是由变压器 T1 或输入滤波器引起的。尝试使这部分电源工作 2）验证故障已经修正，如有必要可重新启动测试流程 3）如果发现电缆没有连接或者有故障，应连接或更换电缆 4）验证故障已经修正，如有必要可重新启动测试流程
10	DSQC661 可能有故障，更换并检查确认故障已经排除		

2.6 电源分配板的检测和诊断

电源分配板 DC OK 指示灯 Status LED 的含义见表 2-3。

表 2-3

名称	含义
Status LED	绿灯：所有直流输出都超出指定的最低水平，表示为正常状态 关：一个或多个直流输出低于指定的最低水平，表示为异常状态

电源分配板的检测、故障诊断及排除流程见表 2-4。

表　2-4

步骤	测试流程	说明	故障诊断及排除
1	检查 DSQC662 上的 LED 指示灯	指示灯 LED 标为 Status LED	1）LED 指示灯为绿色时，DSQC662 处于正常工作 2）LED 指示灯为脉冲绿色，则发生了 USB 通信错误。继续执行步骤 2 3）LED 指示灯为红色，则输入 / 输出电压过低，并且 / 或者逻辑信号 ACOK_N 过高。执行步骤 4 4）LED 指示灯为脉冲红色，则有一个或多个直流输出处于指定的电压之下。确保电缆正确连接到其相应的设备。执行步骤 4 5）LED 指示灯为脉冲红 / 绿色，则发生了固件升级错误。这种情况不应该在运行模式期间发生，执行步骤 6 6）LED 指示灯熄灭，说明 DSQC662 有故障或者输入电压不足。执行步骤 4
2	检查 USB 连接的两端		1）如果连接正常，执行步骤 6 2）如果连接有问题，继续执行步骤 3
3	通过重新连接电缆，尝试修正电源和计算机之间的通信	确保 USB 电缆两端正确连接	1）如果通信恢复，验证故障已经修复并且在必要时重新启动此测试流程 2）如果无法修正通信，执行步骤 6
4	一次断开一个直流输出并测量其电压	1）确保所有时间至少连接一个设备。为使 DSQC662 正常工作，要求至少在一个输出上接有最低 0.5 ～ 1A 的负载 2）使用电压表测量电压。电压应为 +24V$<U<$+27V	1）如果在所有输入上检测到电压正确并且 Status LED 为绿色，则电源工作正常 2）如果在所有输出上检测到电压正确并且 Status LED 不是绿色，则认为电源有故障但不必立即更换 3）如果检测到没有电压或者电压错误，继续执行步骤 5
5	测量到 DSQC662 的输入电压和 ACOK_N 信号	1）使用电压表测量电压。输入电压应为 24V$<U<$27V 且 ACOK_N 应为 0V 2）确保连接器 X1 和 X2 两端正确连接	1）如果输入电压正确，继续执行步骤 6 2）如果检测不到输入电压或者检测到的输入电压不正确，对 DSQC661 进行故障排除
6	DSQC662 可能有故障，更换并检查确认故障已经排除		

第3章　　主计算机

　　主计算机相当于计算机的主机，用于存放系统软件和数据，是 ABB 工业机器人的控制核心。型号为 DSQC639 的主计算机如图 3-1 所示，型号为 DSQC1000 的主计算机如图 3-2 所示。

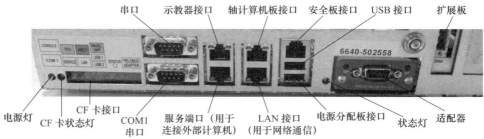

图　3-1

图　3-2

3.1　主计算机接口的作用

主计算机接口的位置如图 3-3 ～图 3-5 所示，具体说明如下。

X1：POWER，电源接口。

X2：Service，服务端口，IP 地址固定为 192.168.125.1，可以使用 RobotStudio 等软件连接外部计算机。

X3：LAN1 接口，与示教器连接。

X4：LAN2 接口，通常内部使用，连接型号为 DSQC1030 等 I/O 模块。

X5：LAN3 接口，可以配置为 PROFINET、Ethernet IP、普通 TCP/IP 等通信端口。

X6：WAN 接口，可以配置为 PROFINET、Ethernet IP、普通 TCP/IP 等通信端口。

X7：PANEL UNIT，安全板接口，连接控制柜内的安全板。

X9：AXC，轴计算机板接口，连接控制柜内的轴计算机板。

X10：USB 接口，连接控制柜内的电源分配板。

X11：USB 接口。

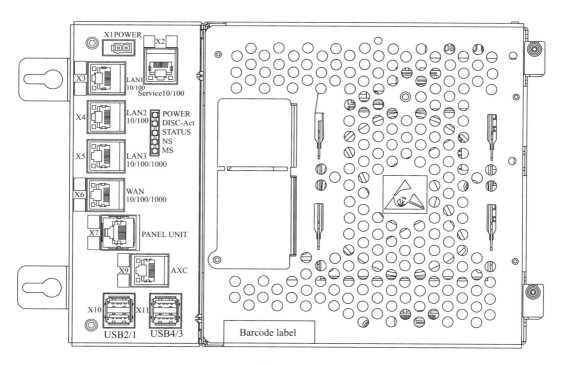

图　3-3

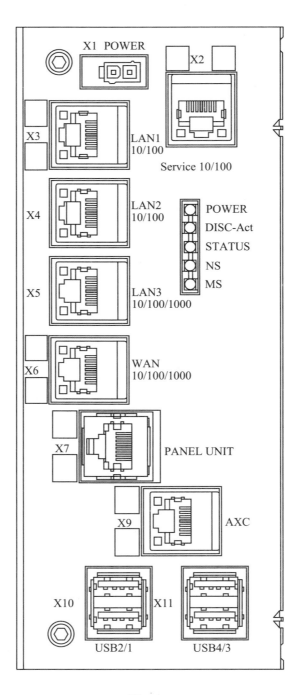

图　3-4

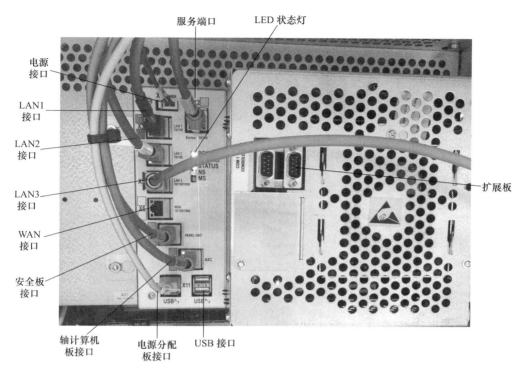

图　3-5

3.2　主计算机的连接

主计算机的连接如图 3-6 ～图 3-8 所示。

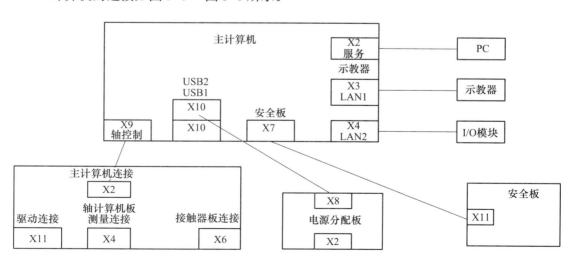

图　3-6

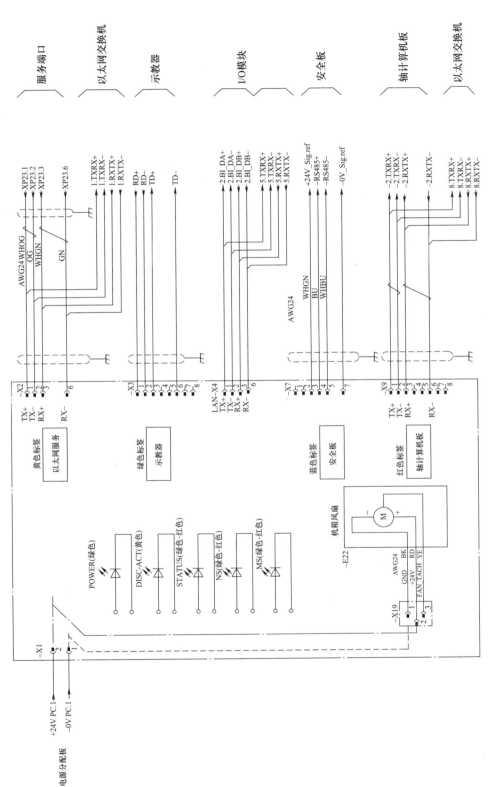

图 3-7

3.2.1　主计算机 X1 的连接

主计算机 X1 为电源输入接口，作为主计算机的工作电源。2 端子（左侧）接入 24V 电压，1 端子（右侧）接入 0V 电压，如图 3-5 所示。主计算机电源的连接如图 2-16 所示。

3.2.2　主计算机 X2 的连接

主计算机 X2 标记为 SERVICE，是服务端口，X2 的端子 1、2、3、6 连接 X23 接口，如图 3-6 所示。X2 的 IP 地址固定为 192.168.125.1，可以使用 RobotStudio 等软件通过外部接口 X23 连接计算机，实现主计算机和外部计算机的通信。外部接口 X23 的位置如图 3-8 所示。

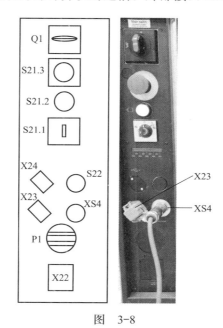

图　3-8

3.2.3　主计算机 X3 的连接

主计算机 X3 标记为 LAN1 接口，通过接口 XS4 的 15、16、13、14 与示教器连接，实现主计算机和示教器的通信，外部接口 XS4 的位置如图 3-8 所示，线路连接如图 3-9 所示。

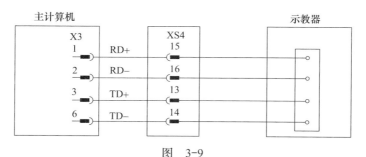

图　3-9

35

3.2.4 主计算机 X4 的连接

主计算机 X4 标记为 LAN2 接口，通常内部使用，与型号为 DSQC1030 的 I/O 模块的 X5 接口连接，DSQC1030 的 X5 接口如图 3-10、图 3-11 所示。

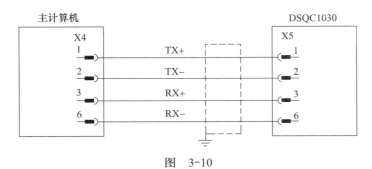

图　3-10

图　3-11

3.2.5 主计算机 X5 的连接

主计算机 X5 标记为 LAN3 接口，X5 可以配置为 PROFINET、Ethernet IP、普通 TCP/IP 等通信端口，连接到控制柜底部的 XS9 接口，线路连接如图 3-12 所示，接口 XS9 的位置如图 3-13、图 3-14 所示。

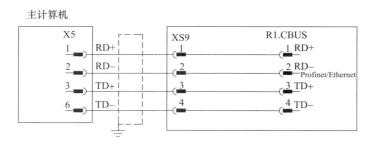

图　3-12

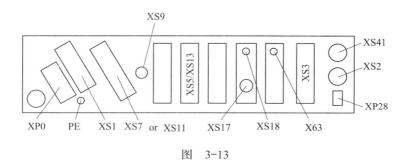

图　3-13

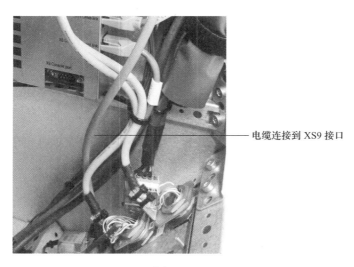

电缆连接到 XS9 接口

图　3-14

3.2.6　主计算机 X6 的连接

主计算机 X6 标记为 WLAN 接口，X6 可以配置为 PROFINET、Ethernet IP、普通 TCP/IP 等通信端口，连接到控制柜底部的 XP28 接口，XP28 的位置如图 3-13 所示。

3.2.7 主计算机 X7 的连接

主计算机的 X7 标记为 PANEL UNIT，连接控制柜内安全板的 X11 接口，实现主计算机与安全板的 RS485 通信，线路连接如图 3-15 所示，安全板的 X11 接口位置如图 3-16 所示。

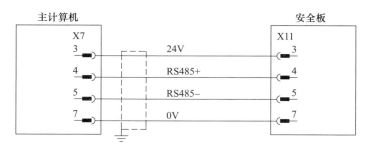

图 3-15

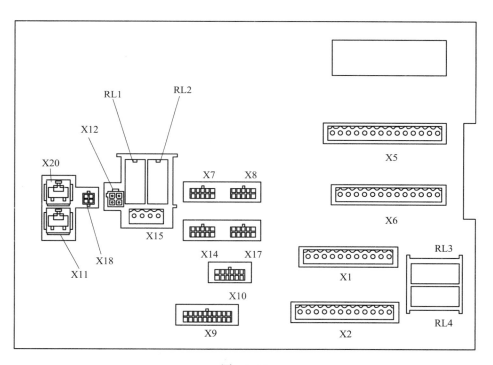

图 3-16

3.2.8 主计算机 X9 的连接

主计算机 X9 标记为 AXC，是轴计算机板接口，连接控制柜内的轴计算机板 X2（XP2）接口，实现主计算机和轴计算机板的通信，线路连接如图 3-17 所示，轴计算机板的 X2（XP2）接口位置如图 3-18、图 3-19 所示。

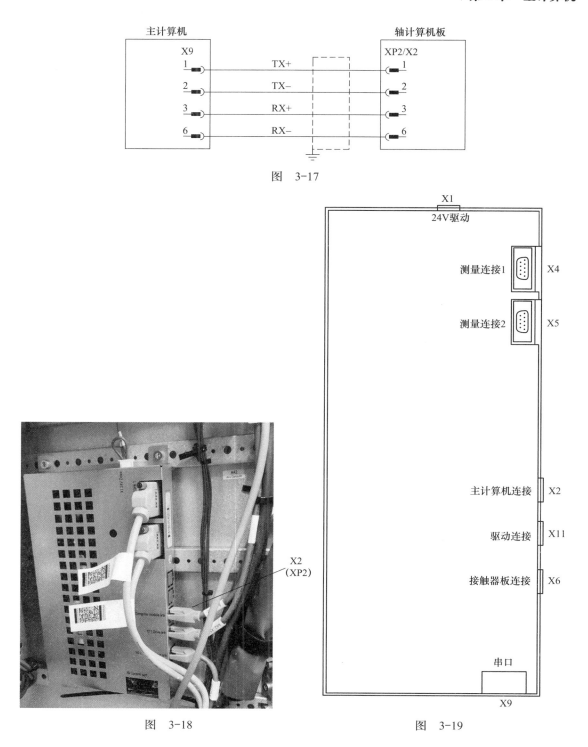

图　3-17

图　3-18

图　3-19

3.2.9　主计算机 X10 的连接

主计算机 X10 为 USB 接口，与电源分配板的 X8 接口连接，实现主计算机和电源分配板的通信，电源分配板 X8 接口的连接如图 3-20 所示，线路连接如图 2-17 所示，位置如图 3-21 所示。

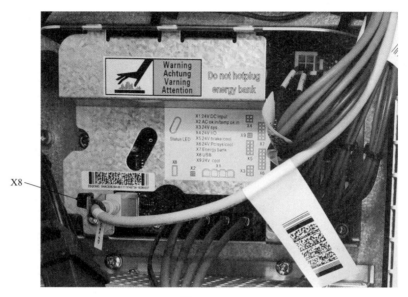

图　3-20

图　3-21

3.2.10　主计算机 X19 的连接

主计算机的 X19 接口连接风扇，用于给主计算机降温，风扇安装在主计算机上盖板里面，如图 3-22 所示。1、2 端子提供风扇 24V 电源，3 端子连接风扇返回的报警信号，风扇带有转速反馈，如果转速太低会报警，如图 3-7 所示。

图　3-22

3.3　主计算机的构成

主计算机的构成如图 3-23 所示，具体说明见表 3-1。

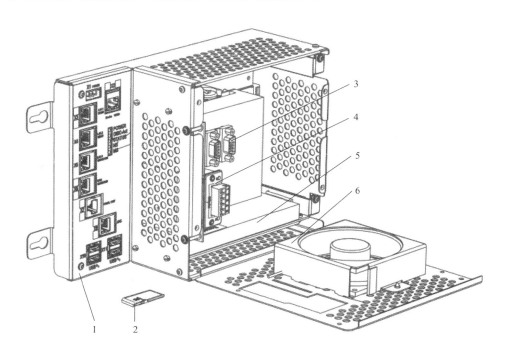

图　3-23

表 3-1

序号	说明	类型
1	计算机单元	DSQC1000 或 DSQC1018
2	带有引导加载程序的 2GB 容量存储器（SD 卡）	
3	扩展板	DSQC1003
4	PROFINET 现场总线适配器	DSQC688
	PROFIBUS 现场总线适配器	DSQC667
	Ethernet IP 现场总线适配器	DSQC669
	DeviceNet 现场总线适配器	DSQC1004
5	DeviceNet Master/Slave PCIexpress	DSQC1006
	PROFIBUS-DP Master/Slave PCIexpress	DSQC1005
6	带插座的风扇	

3.4 主计算机的故障诊断

可以通过主计算机的 LED 状态进行故障诊断，LED 位置如图 3-24 所示，LED 的状态及处理诊断见表 3-2。

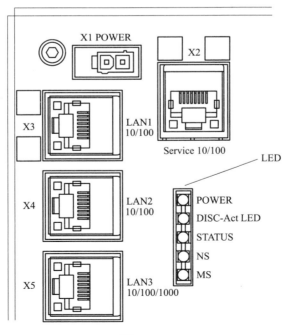

图 3-24

表　3-2

LED	指示灯状态	含义及诊断处理
POWER （绿色）	熄灭	正常启动时，计算机单元内的 COM 快速模块未启动
	长亮	启动完成后 LED 长亮，这是正常状态
	1 ~ 4 下短闪，1s 熄灭	启动期间遇到故障，可能电源、FPGA 和 / 或 COM 快速模块故障
	1 ~ 5 下闪烁，20 下快速闪烁	运行时出现电源故障，处理方法如下： 1）暂时性电压降低，重启控制器电源 2）检查计算机单元的电源电压 3）更换计算机装置
DISC-Act （黄色）	闪烁	磁盘活动（表示计算机正在写入 SD 卡）
STATUS （红色 / 绿色）	启动时，红色长亮	正在加载启动引导程序（bootloader）
	启动时，红色闪烁	正在加载镜像数据
	启动时，绿色闪烁	正在加载系统软件 RobotWare
	启动时，绿色长亮	系统启动完成，系统就绪，这是正常状态
	红色始终长亮或始终闪烁	故障状态，检查 SD 卡
	绿色始终闪烁	故障状态，查看示教器或串口（CONSOLE）的错误消息提示
NS （红色 / 绿色）		网络状态（未使用）
MS （红色 / 绿色）		模块状态（未使用）

　　　　　　　　　　　　 轴计算机板

主计算机发出控制指令后，首先传送给轴计算机板，轴计算机板进行处理后将指令传递给驱动板，轴计算机板同时处理串口测量板 SMB 传递的编码器信号。轴计算机板如图 4-1 所示。

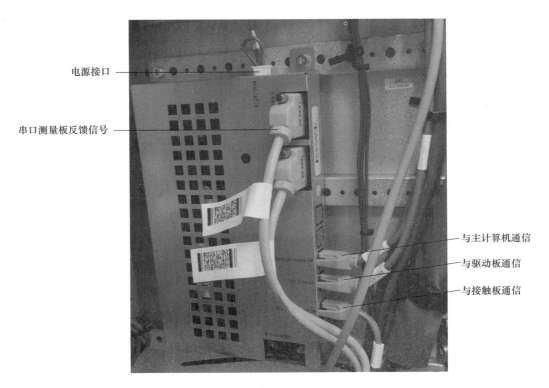

电源接口

串口测量板反馈信号

与主计算机通信

与驱动板通信

与接触板通信

图　4-1

4.1　轴计算机板接口的作用

轴计算机板接口的位置如图 4-2、图 4-3 所示，具体说明如下。

X1：24V Drive（24V 驱动），电源接口。

X2：Computer module link（主计算机连接），与主计算机的 X9（AXC）连接。

X4：Measurement link1（测量连接 1），与串口测量板（SMB）的 X1 端口连接。

X5：Measurement link2（测量连接 2），两个以上外轴时使用。

X6：Contactor board link（接触器板连接），与接触器板的 X4 接口连接。

X9：Console port（串口），串口测量信号。

X11：Drive link（驱动连接），与驱动板的 X8 接口连接。

图　4-2

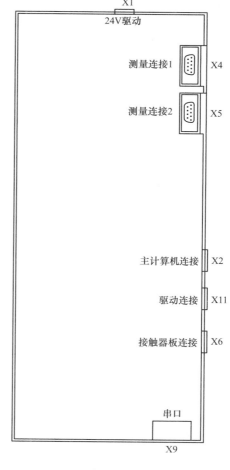

图　4-3

4.2　IRC5 标准控制柜轴计算机板的连接

IRC5 标准控制柜轴计算机板的连接如图 4-4 ～图 4-6 所示。

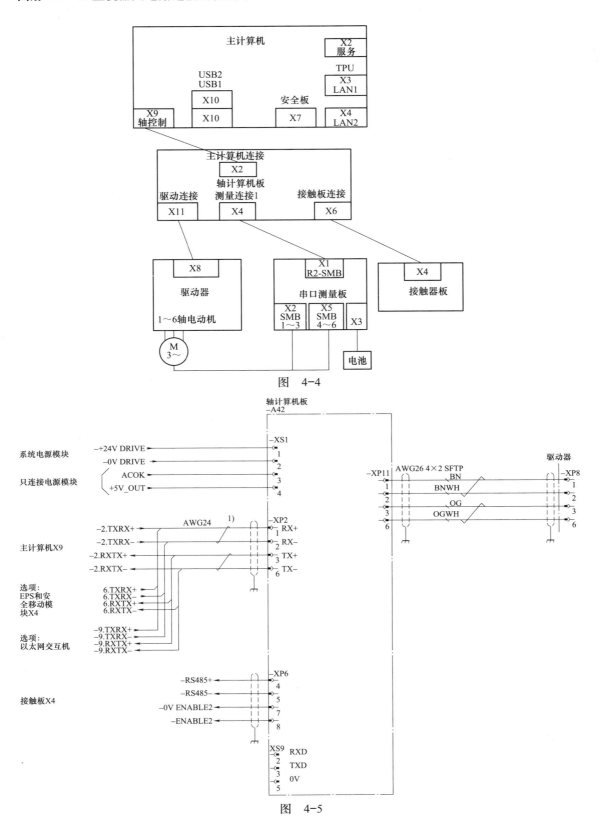

图　4-4

图　4-5

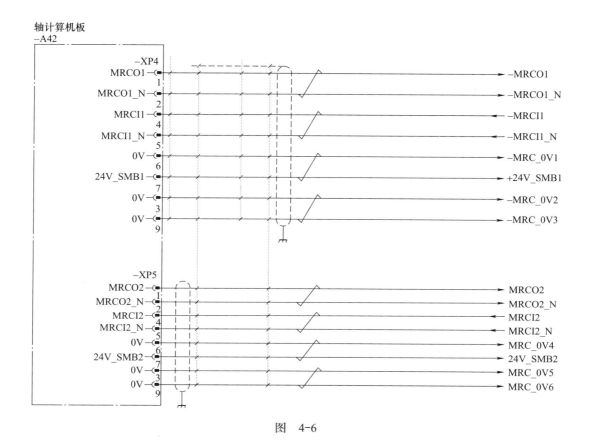

图 4-6

4.2.1 IRC5 标准控制柜轴计算机板 X1 的连接

IRC5 标准控制柜的轴计算机板 X1 为电源输入接口,作为轴计算机板的工作电源。通过电源分配板 DSQC662 供电时,连接如图 4-7 所示。

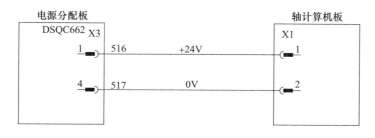

图 4-7

轴计算机板 X1 通过电源模块 DSQC626/DSQC627 供电时,连接如图 4-8 所示。

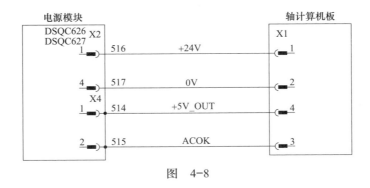

图 4-8

4.2.2 IRC5 标准控制柜轴计算机板 X2 的连接

IRC5 标准控制柜的轴计算机板 X2 与主计算机的 X9（AXC）连接，接收主计算机指令，与主计算机完成通信功能。具体内容请参照"3.2.8 主计算机 X9 的连接"一节。

4.2.3 IRC5 标准控制柜轴计算机板 X4 的连接

X4 的整体连接请参考图 8-10。J1 ～ J6 轴电动机编码器检测的信号经过串口测量板 SMB 处理后，通过串口测量板 SMB 的 X1（R2.SMB）输出到 XP2，如图 4-9 所示，信号传递方向为自下而上，信号有 SDI、SDI-N、SDO、SDO-N、0V、+24V SYS。

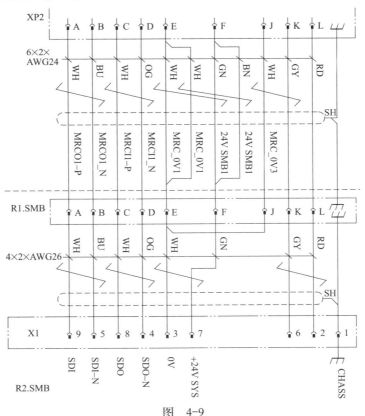

图 4-9

编码器信号经过端口 XS/XP2 与轴计算机板的 X4 连接，将信号传递给轴计算机板，如图 4-10 所示，信号传递方向为自下而上。

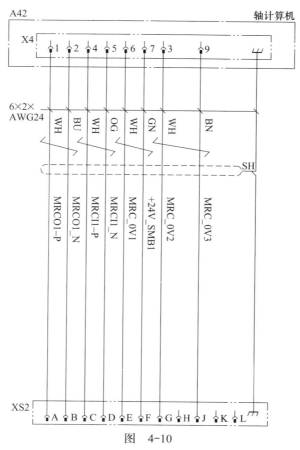

图　4-10

4.2.4　IRC5 标准控制柜轴计算机板 X6 的连接

IRC5 标准控制柜轴计算机板的 X6 与接触器板的 X4 接口连接，通过端子 4、5 与接触器板的 RS 485 通信，通过端子 7、8 进行 ENABLE2 信号的传递，如图 4-11 所示。

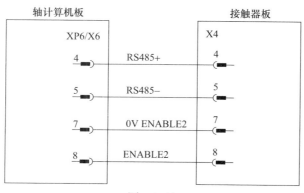

图　4-11

4.2.5　IRC5 标准控制柜轴计算机板 X11 的连接

IRC5 标准控制柜轴计算机板 X11 与驱动板的 X8 连接，完成轴计算机板与驱动板的通信，如图 4-12 所示，线路连接如图 7-7 所示。

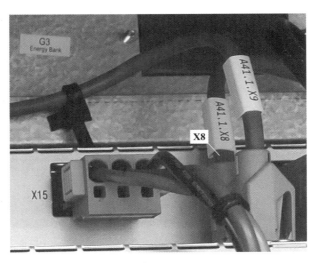

图　4-12

4.3　IRC5C 紧凑控制柜轴计算机板的连接

IRC5C 紧凑控制柜轴计算机板的连接如图 4-13、图 4-14 所示。

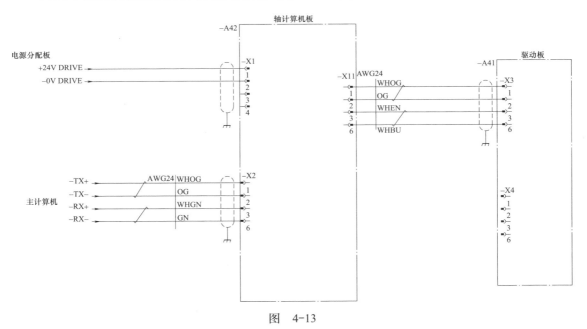

图　4-13

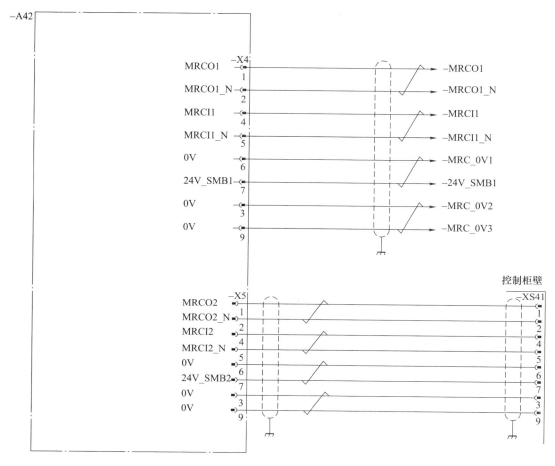

图　4-14

4.3.1　IRC5C 紧凑控制柜轴计算机板 X1 的连接

IRC5C 紧凑控制柜轴计算机板的 X1 为电源输入接口，作为轴计算机板的工作电源。通过电源分配板 DSQC662 供电，如图 4-15 所示。

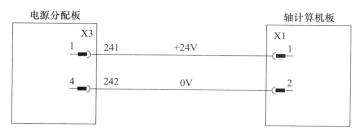

图　4-15

4.3.2　IRC5C 紧凑控制柜轴计算机板 X2 的连接

IRC5C 紧凑控制柜轴计算机板的 X2 与主计算机的 X9 连接，与主计算机完成通信功能，如图 4-16 所示。

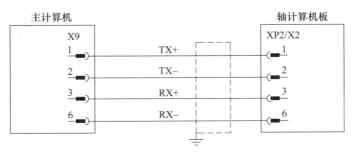

图　4-16

4.3.3　IRC5C 紧凑控制柜轴计算机板 X11 的连接

IRC5C 紧凑控制柜轴计算机板的 X11 与驱动板的 X3 连接，完成轴计算机板与驱动板的通信，如图 4-13 所示。

4.3.4　IRC5C 紧凑控制柜轴计算机板 X4 的连接

IRC5C 紧凑控制柜轴计算机板 X4 与串口测量板 SMB 连接，信号有 MRCO1、MCRO1_N、MRCI1、MRCI1_N、0V、24V_SMB1，如图 4-14 所示。

4.4　轴计算机板的故障诊断

可以通过轴计算机板的 LED 状态进行故障诊断，LED 的位置如图 4-17 的 1、2 所示，LED 的状态及诊断见表 4-1。

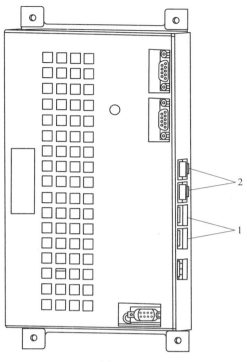

图 4-17

表 4-1

序号	说明	指示灯状态	含义及诊断
1	状态 LED	红色长亮	启动期间，表示正在上电中
			运行期间，轴计算机板无法初始化基本的硬件，表示故障状态
		红色闪烁	启动期间，建立与主计算机的连接并将程序加载到轴计算机板
			运行期间，轴计算机板与主计算机的连接丢失、主计算机启动问题或者 RobotWare 安装问题，表示故障状态
		绿色闪烁	启动期间，轴计算机板的程序启动并连接外围单元
			运行期间，与外围单元的连接丢失或者 RobotWare 启动有问题，表示故障状态
		绿色长亮	启动期间，表示在启动过程中
			运行期间，表示正常状态
		不亮	轴计算机板没有电源或者内部错误（硬件/固件）
2	以太网 LED（显示其他轴计算机板（2、3或4）和以太网电路板之间的以太网通信状态）	绿色不亮	选择了网速 10Mbit/s
		绿色长亮	选择了网速 100Mbit/s
		黄色闪烁	与上位机进行以太网通道通信
		黄色长亮	已建立以太网连接
		黄色不亮	未建立以太网连接

第5章 　 安　全　板

安全板控制工业机器人的常规停止（GS1、GS2）、自动停止（AS1、AS2）、上级停止（SS1、SS2）、紧急停止（ES1、ES2）等功能，如图 5-1 所示。

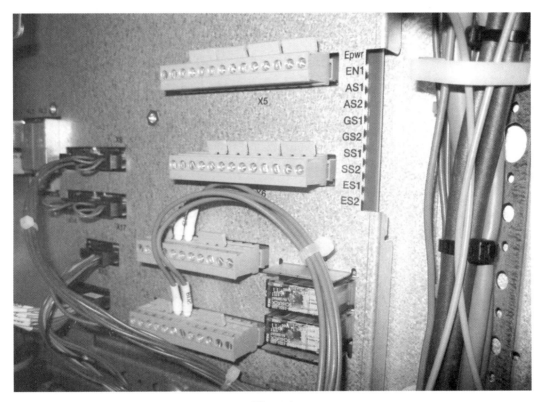

图　5-1

5.1　安全板接口的作用

安全板接口的位置如图 5-2 所示，具体说明如下。

X1、X2：紧急停止（ES1、ES2）控制回路接线端子。

X5、X6：常规停止（GS1、GS2）、自动停止（AS1、AS2）、上级停止（SS1、SS2）控制回路接线端子。

X7：接触器板 RL1、RL2 线圈电源接口。

X8：附加轴使能信号接口。

X9：控制柜操作面板的模式开关、紧急停止按钮、电动机通电 / 复位白色按钮的接口。

X10：与示教器使能键、紧急停止按钮连接的接口。

X11：与主计算机连接的接口。

X12：24V 电源、内部风扇的接口。

X14：与附加轴使能信号连接的接口。

X15：工作方式输出的接口。

X17：与附加轴使能信号连接的接口。

X18：主计算机外部风扇接口。

X20：与控制柜显示 LED 连接的接口。

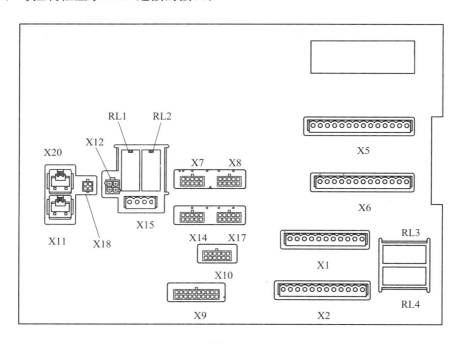

图　5-2

5.2　IRC5 标准控制柜安全板的连接

　　IRC5 标准控制柜安全板的电路连接如图 5-3 ～图 5-7 所示。图 5-7 为示教器的急停、使能以及和主计算机通信的控制回路。

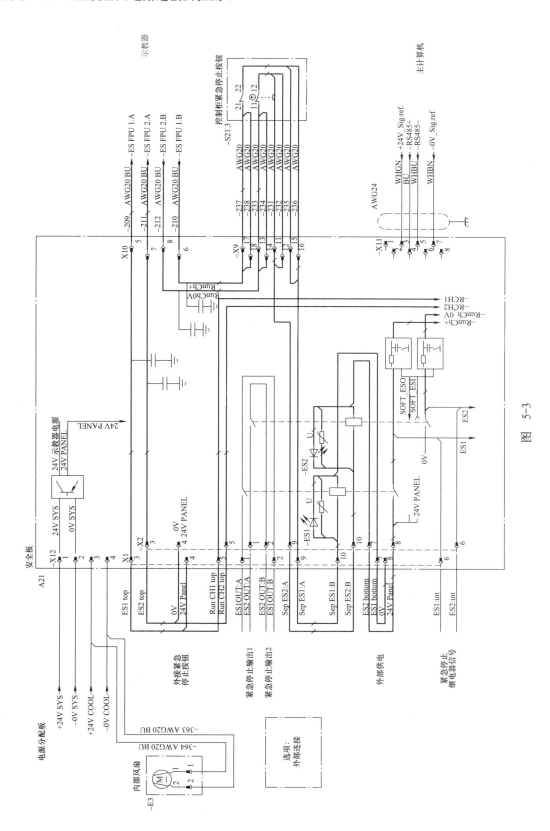

图 5-3

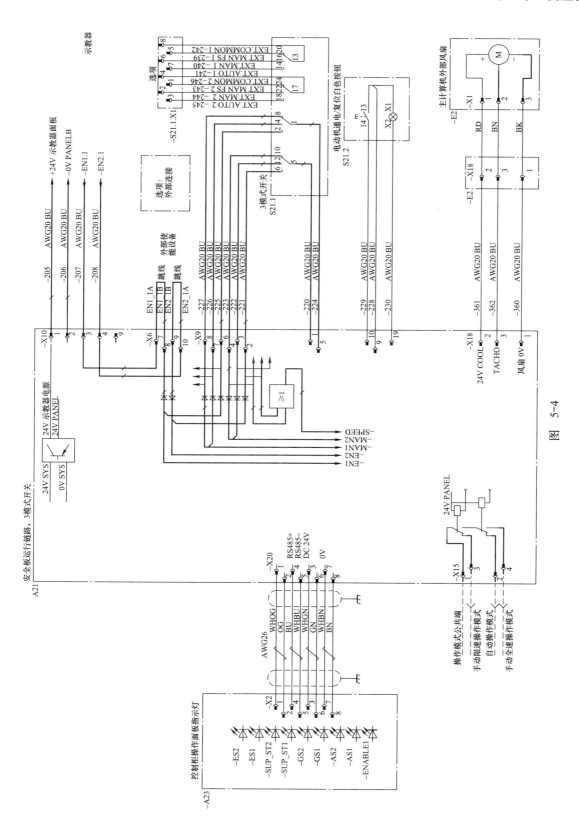

图 5-4

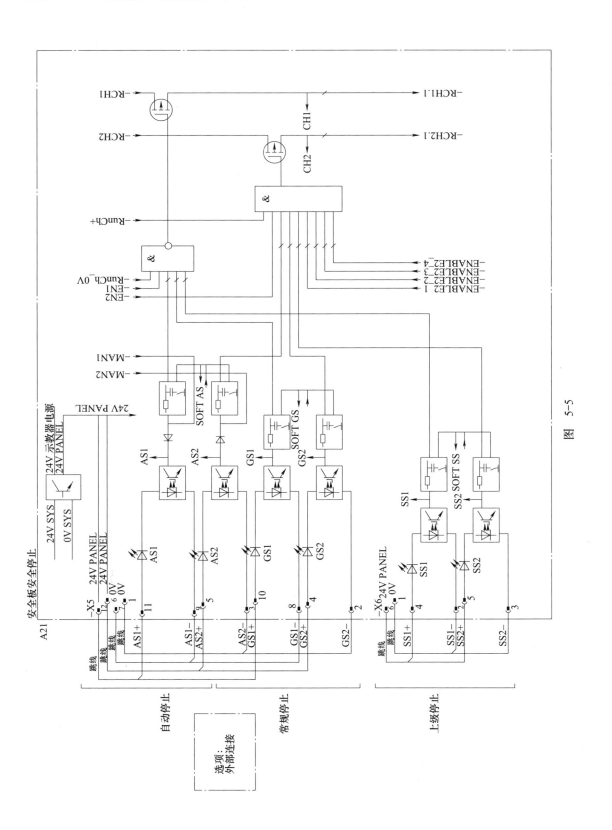

图 5-5

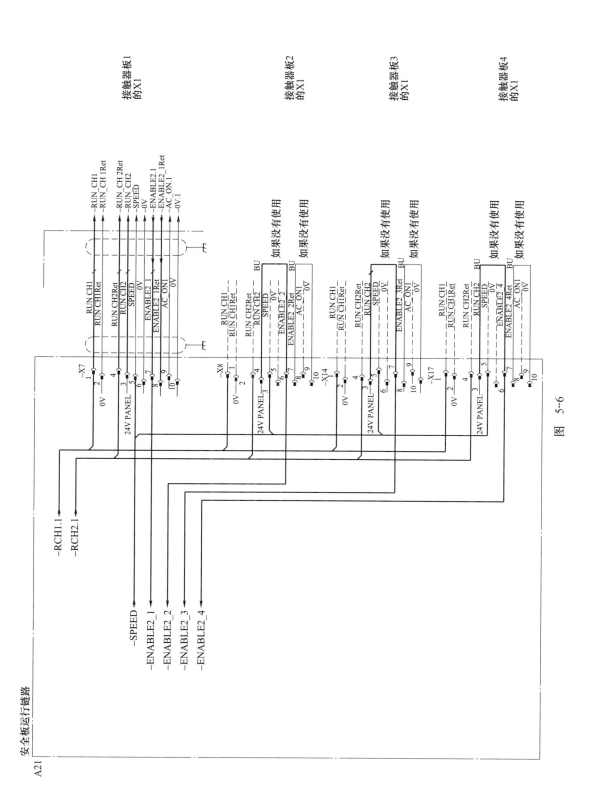

图 5-6

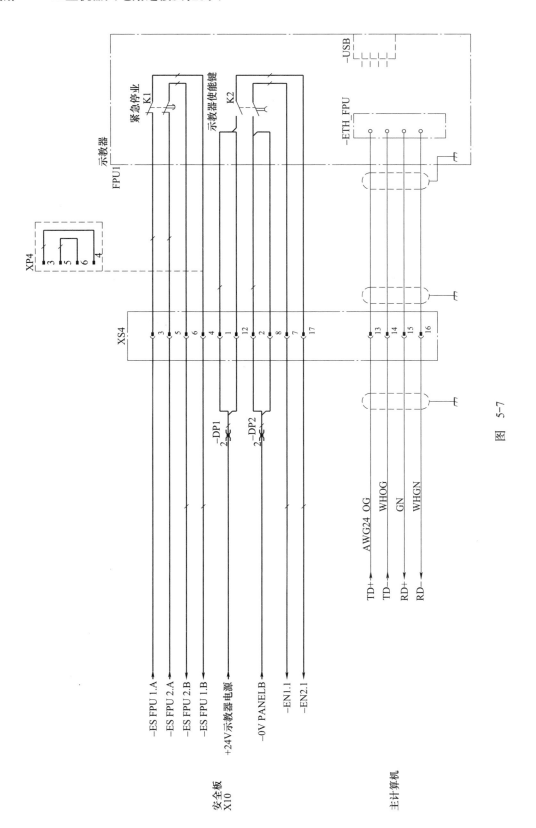

图 5-7

5.2.1　IRC5 标准控制柜安全板 X12 的连接

　　IRC5 标准控制柜安全板通过电源分配板 DSQC662 供电，安全板 X12 的 1、2 端子为电源输入接口，作为安全板的工作电源。安全板 X12 的 3、4 端子为内部风扇的电源接口，连接如图 5-8 所示。

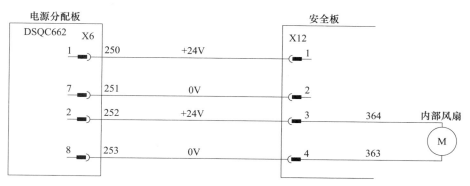

图　5-8

5.2.2　IRC5 标准控制柜安全板 X1、X2 的连接

　　IRC5 标准控制柜安全板 X1、X2 用于紧急停止控制回路。紧急停止控制回路为双链路回路，外接紧急停止按钮、示教器紧急停止按钮、控制柜紧急停止按钮之间通过串联连接，如图 5-9 所示。XS4 的位置如图 3-8 所示。

　　链路一：

　　X1 的 4 端子为 +24V 电源起始端，通过外接紧急停止按钮接到 X1 的 3 端子，再接到 X10 的 5 端子，线号为 209。

　　接着通过 XS4 的 3 端子接到示教器的紧急停止按钮，再接到 XS4 的 4 端子，线号为 210。

　　然后通过 X10 的 6 端子连接到 X9 的 17 端子（线号为 237）、18 端子（线号为 238），先接到控制柜紧急停止按钮，再连接到 X9 的 15 端子（线号为 235）、16 端子（线号为 236）。

　　最后依次连接到 X1 的 9 端子、10 端子，连接到继电器线圈 RL3 的一端，继电器线圈 RL3 的另一端再依次接到 X1 的 7 端子、8 端子，然后接到 0V 电压，形成完整通路。

　　链路二：

　　X2 的 4 端子为 0V 电源起始端，通过外接紧急停止按钮接到 X2 的 3 端子，再接到 X10 的 7 端子，线号为 211。

　　接着通过 XS4 的 5 端子接到示教器的紧急停止按钮，再接到 XS4 的 6 端子，线号为 212。

然后通过 X10 的 8 端子连接到 X9 的 13 端子（线号为 233）、14 端子（线号为 234），先接到控制柜紧急停止按钮，再连接到 X9 的 11 端子（线号为 231）、12 端子（线号为 232）。

最后依次连接到 X2 的 9 端子、10 端子，连接到继电器线圈 RL4 的一端，继电器线圈 RL4 的另一端再依次接到 X2 的 7 端子、8 端子，然后接到 +24V 电压，形成完整通路。

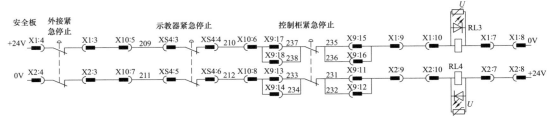

图　5-9

RL3 的常开触点连接 X1 的 1、2 端子，如图 5-10 所示。

图　5-10

RL4 的常开触点连接 X2 的 1、2 端子，如图 5-11 所示。

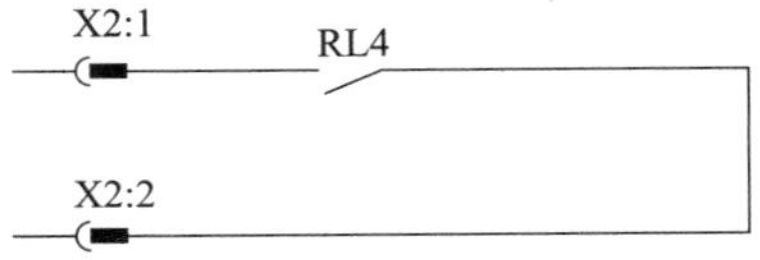

X2:1　RL4

X2:2

图　5-11

RL3 的常开触点连接 X1 的 6 端子，接通内部 +24V 电源，如图 5-12 所示。

X1:6　　　RL3　　+24V

图　5-12

RL4 的常开触点连接 X2 的 6 端子，接通内部 0V 电源，如图 5-13 所示。

X2:6　　　RL4　　0V

图　5-13

5.2.3　IRC5 标准控制柜安全板 X5、X6 的连接

正常工作时，ABB 工业机器人标准控制柜自动停止（AS）、常规停止（GS）、上级停

止（SS）控制回路的开关触点为闭合状态。自动停止通常连接安全门锁、安全光栅，在自动模式下有效，手动模式下无效。常规停止在任何模式下都生效。上级停止与常规停止基本一致，上级停止通常与外部设备安全 PLC 等连接。

1．AS1 自动停止控制回路

X5 的 12 端子提供 24V 电压，经过常闭开关 AS1+、X5 的 11 端子、发光二极管 AS1、光电耦合器给系统送入自动停止信号 AS1；再经过 X5 的 9 端子、AS1− 短接线、X5 的 7 端子，接到 0V 电压，形成回路，如图 5-14 所示。

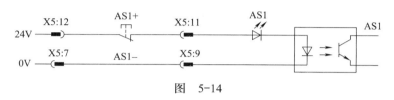

图 5-14

2．AS2 自动停止控制回路

X5 的 6 端子提供 24V 电压，经过常闭开关 AS2+、X5 的 5 端子、发光二极管 AS2、光电耦合器给系统送入自动停止信号 AS2；再经过 X5 的 3 端子、AS2− 短接线、X5 的 1 端子，接到 0V 电压，形成回路，如图 5-15 所示。

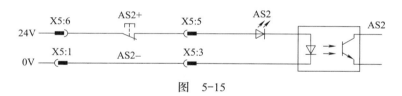

图 5-15

3．GS1 自动停止控制回路

X5 的 12 端子提供 24V 电压，经过常闭开关 GS1+、X5 的 10 端子、发光二极管 GS1、光电耦合器给系统送入常规停止信号 GS1；再经过 X5 的 8 端子、GS1− 短接线、X5 的 7 端子，接到 0V 电压，形成回路，如图 5-16 所示。

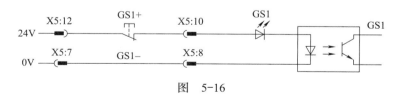

图 5-16

4．GS2 自动停止控制回路

X5 的 6 端子提供 24V 电压，经过常闭开关 GS2+、X5 的 4 端子、发光二极管 GS2、光电耦合器给系统送入常规停止信号 GS2；再经过 X5 的 2 端子、GS2− 短接线、X5 的 1 端子，接到 0V 电压，形成回路，如图 5-17 所示。

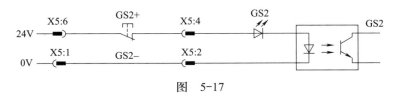

图　5-17

5. SS1 自动停止控制回路

X6 的 6 端子提供 24V 电压，经过常闭开关 SS1+、X6 的 4 端子、发光二极管 SS1、光电耦合器给系统送入上级停止信号 SS1；再经过 X6 的 2 端子、SS1− 短接线、X6 的 1 端子，接到 0V 电压，形成回路，如图 5-18 所示。

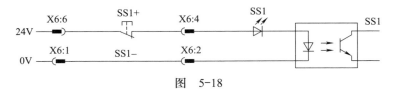

图　5-18

6. SS2 自动停止控制回路

X6 的 6 端子提供 24V 电压，经过常闭开关 SS2+、X6 的 5 端子、发光二极管 SS2、光电耦合器给系统送入上级停止信号 SS2；再经过 X6 的 3 端子、SS2− 短接线、X6 的 1 端子，接到 0V 电压，形成回路，如图 5-19 所示。

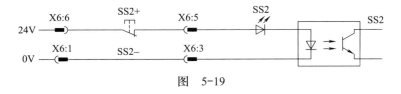

图　5-19

5.2.4　IRC5 标准控制柜安全板的使能信号

RCH1、RCH2 为通道电源，给接触器板的继电器 RL1、RL2 提供电源，需要使能信号 AS1、AS2、GS1、GS2、SS1、SS2、EN1、EN2、MAN1、MAN2、ENABLE2_1、ENABLE2_2、ENABLE2_3、ENABLE2_4、RunCh+、RunCh_0V，如图 5-5 所示。其中，AS1、MAN1、EN1、GS1、SS1、RunCh_0V 为一组，作为与非门电路的输入端；RunCh+、EN2、AS2、MAN2、GS2、SS2、ENABLE2_1、ENABLE2_2、ENABLE2_3、ENABLE2_4 为另一组，作为与门电路的输入端。

示教器使能键通过 X10 的端子 1 接 24V 电压，端子 2 接 0V 电压。当按下示教器使能键接通时，X6 的端子 8 通过二极管使 EN1 输出 0V 电压，X6 的端子 9 通过二极管使 EN2 输出 24V 电压，如图 5-20 所示。

X10 的端子 1、端子 2 同时给示教器提供直流 24V 的工作电源。

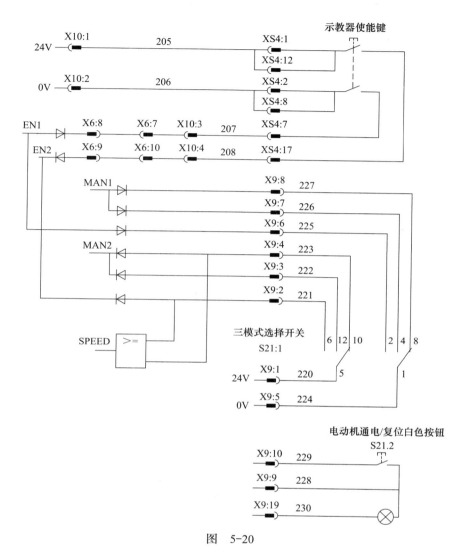

图　5-20

三模式选择开关转到左侧，为自动运行模式。三模式选择开关的 6 端子接 24V 电压，X9 的端子 2 通过二极管接到 EN2，EN2 输出 24V 电压；三模式选择开关的 2 端子接 0V，X9 的端子 6 通过二极管接到 EN1，EN1 输出 0V 电压。由此可知，在自动运行模式下，直接提供使能信号 EN1、EN2，不需要按示教器使能键。

EN1、EN2 为使能信号，在自动模式（AUTO）下直接产生 EN1、EN2 信号，在手动模式（MAN）下由示教器使能键产生 EN1、EN2 信号，工作正常时 EN1=0、EN2=1。

三模式选择开关转到中间，为手动限速运行模式。三模式选择开关的 12 端子接 24V 电压，X9 的端子 3 通过二极管接到 MAN2，MAN2 输出 24V 电压；三模式选择开关的 4 端子接 0V，X9 的端子 7 通过二极管接 MAN1，MAN1 输出 0V 电压。

三模式选择开关转到右侧，为手动全速运行模式，三模式选择开关的 10 端子接 24V 电压，X9 的端子 4 通过二极管接到 MAN2，MAN2 输出 24V 电压；三模式选择开关的 8 端子接 0V 电压，X9 的端子 8 通过二极管接 MAN1，MAN1 输出 0V 电压。

电动机通电 / 复位白色按钮通过 X9 的 10 端子输入，通过 X9 的 19 端子输出点亮指示灯。

X9 的 2、4 端子通过或门电路输出 SPEED 信号。

轴计算机板启动后，从 XP6 的 8 端子输出 ENABLE2 信号，输入到接触器板 X4 的 8 端子。接触器板启动后，从接触器板 X1 的 5 端子输出 ENABLE2.1 信号，输入到安全板 X7 的 7 端子，产生 ENABLE2_1 信号。ENABLE2 信号由轴计算机板监控，轴计算机板、接触器板、安全板都正常时，ENABLE2_1 信号和 ENABLE2 信号导通，ENABLE2_1 作为与门电路的一个输入端，如图 5-21 所示。

ABB 工业机器人的 ENABLE1、ENABLE2 信号是控制系统进行自检的结果，如果检测正常，ENABLE1、ENABLE2 闭合，ENABLE1=1、ENABLE2=1；如果检测到错误，ENABLE1、ENABLE2 断开，ENABLE1=0、ENABLE2=0。ENABLE1 信号由主计算机检测，安全板、接触器板、轴计算机板正常后，ENABLE1=1；ENABLE2 信号由轴计算机板检测，轴计算机板、安全板、接触器板正常后，ENABLE2 信号 =1。

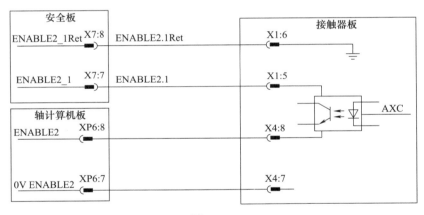

图　5-21

安全板 X8 的 3 端子短接到 X8 的 7 端子产生 ENABLE2_2 信号，作为附加轴的使能信号，如图 5-22 所示。在不使用附加轴的情况下，3、7 端子短接，8、10 端子短接。

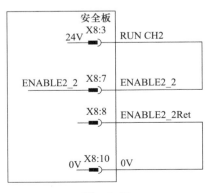

图　5-22

安全板 X14 的 3 端子短接到 X14 的 7 端子产生 ENABLE2_3 信号，作为附加轴的使能信号，如图 5-23 所示。在不使用附加轴的情况下，3、7 端子短接，8、10 端子短接。

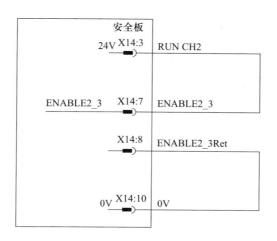

图　5-23

安全板 X17 的 3 端子短接到 X17 的 7 端子产生 ENABLE2_4 信号，作为附加轴的使能信号，如图 5-24 所示。在不使用附加轴的情况下，3、7 端子短接，8、10 端子短接。

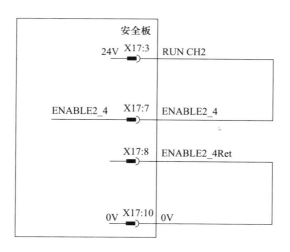

图　5-24

继电器线圈 RL3 的触点吸合，接通 24V 电压，输出 RunCh+ 信号，如图 5-25 所示。RunCh+ 再提供给与门电路，如图 5-5 所示。继电器线圈 RL4 的触点吸合，接通 0V 电压，输出 RunCh_0V 信号，如图 5-25 所示。RunCh_0V 再提供给与非门电路，如图 5-5 所示。

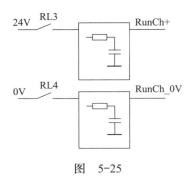

图　5-25

5.2.5　IRC5 标准控制柜 RCH1、RCH2 电源信号

安全板 X1 的 4 端子先接 +24V 电压，再接到 X1 的 5 端子，作为 RCH1 的 +24V 电源；安全板 X2 的 4 端子先接 0V 电压，再接到 X2 的 5 端子，作为 RCH2 的 0V 电源，RCH1、RCH2 作为接触器板继电器线圈 RL1、RL2 的电源，如图 5-26 所示。

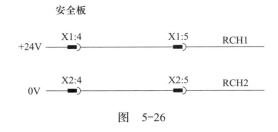

图　5-26

如图 5-5 所示，RunCh_0V、EN1、AS1、MAN1、GS1、SS1 通过与非门电路激活场效应管，接通 RCH1 电路，提供 24V 电压；RunCh+、EN2、AS2、MAN2、GS2、SS2、ENABLE2_1、ENABLE2_2、ENABLE2_3、ENABLE2_4 通过与门电路激活场效应管，接通 RCH2 电路，提供 0V 电压。

注意："与非门"和"与门"中的"与"是串联的意思，输入端的各个信号之间串联。

5.2.6　IRC5 标准控制柜安全板 X11 的连接

IRC5 标准控制柜安全板的 X11 与主计算机的 X7 接口连接，可实现主计算机与安全板的通信，如图 3-15 所示。

5.3　IRC5C 紧凑控制柜安全板的连接

IRC5C 紧凑控制柜安全板的电路如图 5-27 ～图 5-30 所示。图 5-30 为示教器的急停、使能以及和主计算机通信的控制回路。

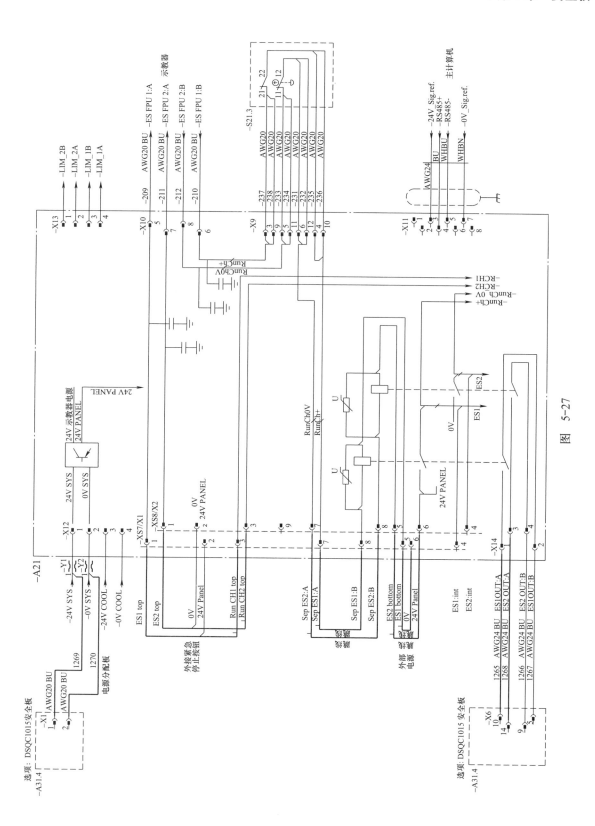

图 5-27

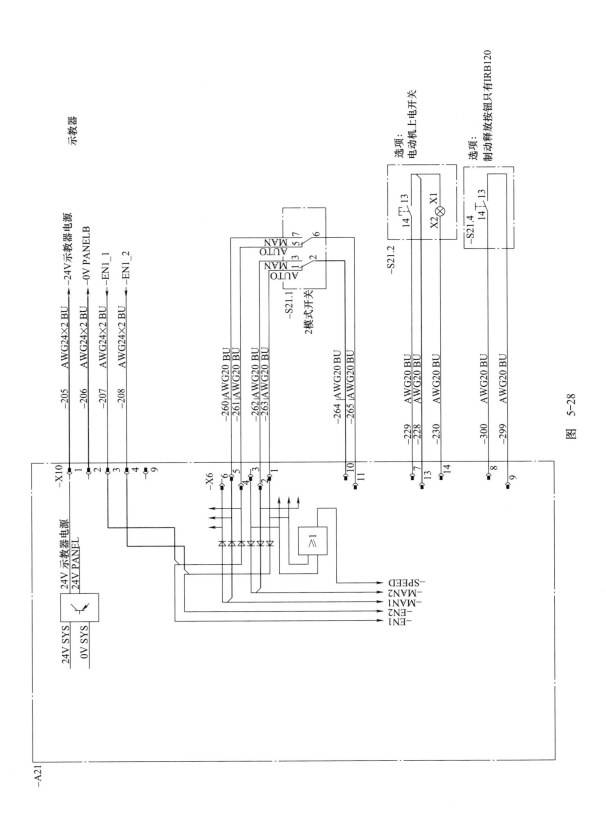

图 5-28

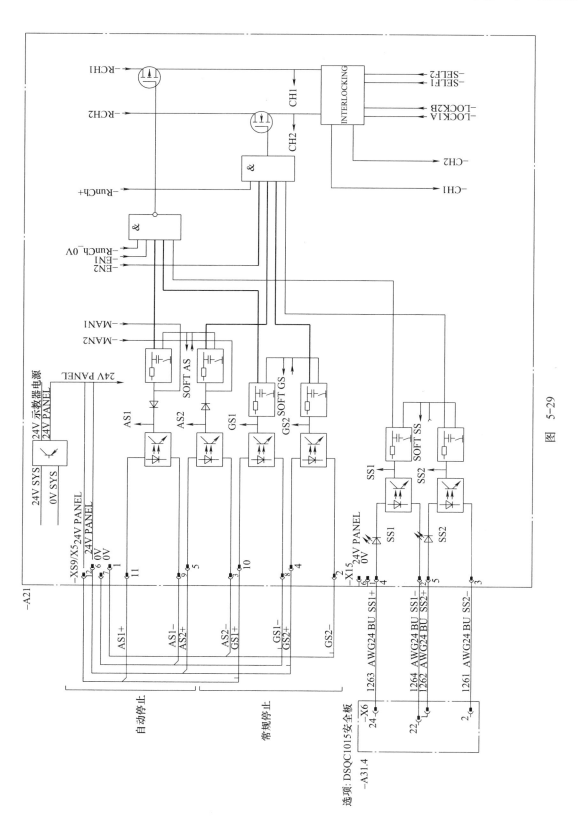

图 5-29

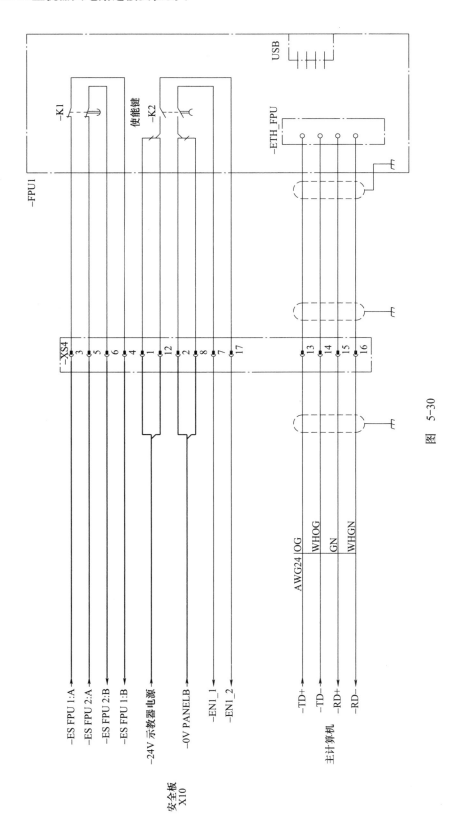

图 5-30

5.3.1　IRC5C 紧凑控制柜安全板 X12 的连接

IRC5C 紧凑控制柜安全板通过电源分配板 DSQC662 供电。安全板 X12 的 1、2 端子为电源输入接口，作为安全板的工作电源。安全板 X12 的 3、4 端子为内部风扇的电源接口，连接如图 5-31 所示。

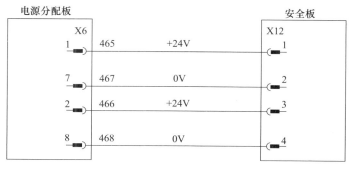

图　5-31

5.3.2　IRC5C 紧凑控制柜安全板 XS7、XS8 的连接

IRC5C 紧凑控制柜安全板 XS7、XS8 用于紧急停止控制回路。紧急停止控制回路为双链路回路，外接紧急停止按钮、示教器紧急停止按钮、控制柜紧急停止按钮之间通过串联连接，如图 5-32 所示。

链路一：

XS7 的 2 端子为 +24V 电源起始端，通过外接紧急停止按钮接到 XS7 的 1 端子，再接到 X10 的 5 端子，线号为 209。

接着通过 XS4 的 3 端子接到示教器的紧急停止按钮，再接到 XS4 的 4 端子，线号为 210。

然后通过 X10 的 6 端子连接到 X9 的 3 端子（线号为 237）、9 端子（线号为 238），接到控制柜紧急停止按钮，再连接到 X9 的 4 端子（线号为 235）、10 端子（线号为 236）。

最后依次连接到 XS7 的 7 端子、8 端子，连接到继电器线圈 RL3 的一端，继电器线圈 RL3 的另一端再依次接到 XS7 的 5 端子、6 端子，然后接到 0V 电压，形成完整通路。

链路二：

XS8 的 2 端子为 0V 电源起始端，通过外接紧急停止按钮接到 XS8 的 1 端子，再接到 X10 的 7 端子，线号为 211。

接着通过 XS4 的 5 端子接到示教器的紧急停止按钮，再接到 XS4 的 6 端子，线号为 212。

然后通过 X10 的 8 端子连接到 X9 的 5 端子（线号为 233）、11 端子（线号为 234），先接到控制柜紧急停止按钮，再连接到 X9 的 6 端子（线号为 231）、12 端子（线号为 232）。

最后依次连接到 XS8 的 7 端子、8 端子，连接到继电器线圈 RL4 的一端，继电器线圈 RL4 的另一端再依次接到 XS8 的 5 端子、6 端子，然后接到 +24V 电压，形成完整通路。

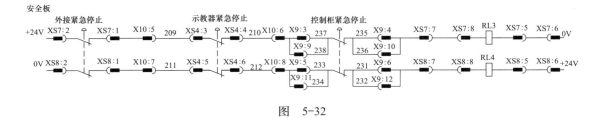

图 5-32

RL3 的常开触点连接 X14 的 1 端子、2 端子，如图 5-33 所示。

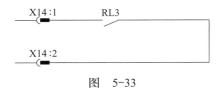

图 5-33

RL4 的常开触点连接 X14 的 3 端子、4 端子，如图 5-34 所示。

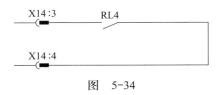

图 5-34

RL3 的常开触点连接 XS7 的 4 端子，接通内部 +24V 电源，如图 5-35 所示。

XS7:4   RL3   +24V

图 5-35

RL4 的常开触点连接 XS8 的 4 端子，接通内部 0V 电源，如图 5-36 所示。

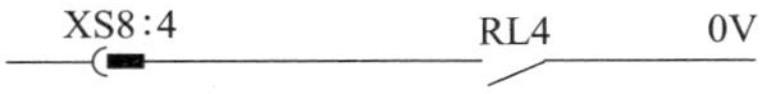

XS8:4   RL4   0V

图 5-36

5.3.3 IRC5C 紧凑控制柜安全板 XS9、X6 的连接

正常工作时，IRC5C 紧凑控制柜自动停止（AS）、常规停止（GS）、上级停止（SS）控制回路的开关触点为闭合状态。

1. AS1 自动停止控制回路

XS9 的 12 端子提供 24V 电压，经过常闭开关 AS1+、XS9 的 11 端子、发光二极管 AS1、光电耦合器给系统送入自动停止信号 AS1；再经过 XS9 的 9 端子、AS1– 短接线、XS9 的 7 端子，接到 0V 电压，形成回路，如图 5-37 所示。

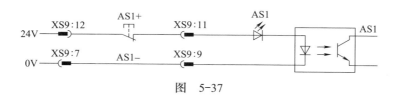

图　5-37

2. AS2 自动停止控制回路

XS9 的 6 端子提供 24V 电压，经过常闭开关 AS2+、XS9 的 5 端子、发光二极管 AS2、光电耦合器给系统送入自动停止信号 AS2；再经过 XS9 的 3 端子、AS2– 短接线、XS9 的 1 端子，接到 0V 电压，形成回路，如图 5-38 所示。

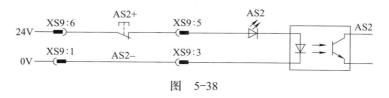

图　5-38

3. GS1 自动停止控制回路

XS9 的 12 端子提供 24V 电压，经过常闭开关 GS1+、XS9 的 10 端子、发光二极管 GS1、光电耦合器给系统送入常规停止信号 GS1；再经过 XS9 的 8 端子、GS1– 短接线、XS9 的 7 端子，接到 0V 电压，形成回路，如图 5-39 所示。

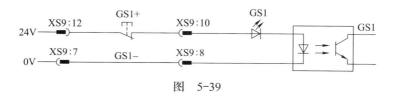

图　5-39

4. GS2 自动停止控制回路

XS9 的 6 端子提供 24V 电压，经过常闭开关 GS2+、XS9 的 4 端子、发光二极管 GS2、光电耦合器给系统送入常规停止信号 GS2；再经过 XS9 的 2 端子、GS2– 短接线、XS9 的 1 端子，接到 0V 电压，形成回路，如图 5-40 所示。

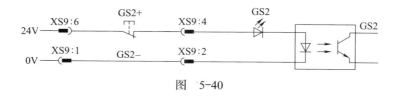

图　5-40

5. SS1 自动停止控制回路

X6 的 24 端子提供 24V 电压，经过 SS1+ 短接线、X15 的 4 端子、发光二极管 SS1、光电耦合器给系统送入上级停止信号 SS1；再经过 X15 的 2 端子、SS1– 短接线、X6 的 22 端子，接到 0V 电压，形成回路，如图 5-41 所示。

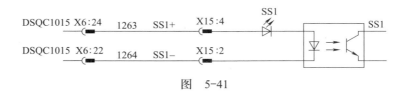

图 5-41

6. SS2 自动停止控制回路

X6 的 1 端子提供 24V 电压，经过 SS2+ 短接线、X15 的 5 端子、发光二极管 SS2、光电耦合器给系统送入上级停止信号 SS2；再经过 X15 的 3 端子、SS2– 短接线、X6 的 2 端子，接到 0V 电压，形成回路，如图 5-42 所示。

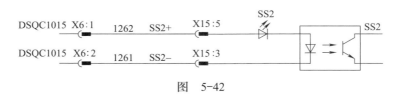

图 5-42

5.3.4 IRC5C 紧凑控制柜安全板的使能信号

RCH1、RCH2 为通道电源，给接触器板的继电器线圈 RL1、RL2 提供电源，需要使能信号 AS1、AS2、GS1、GS2、SS1、SS2、EN1、EN2、MAN1、MAN2、RunCh+、RunCh_0V，如图 5-29 所示。AS1、MAN1、EN1、GS1、SS1、RunCh_0V 为一组，作为与非门电路的输入端；RunCh+、EN2、AS2、MAN2、GS2、SS2 为另一组，作为与门电路的输入端。

示教器使能键通过 X10 的端子 1 接 24V 电压，端子 2 接 0V 电压。当按下示教器使能键接通时，X10 的端子 3 使 EN1 输出 0V 电压，X10 的端子 4 使 EN2 输出 24V 电压，如图 5-43 所示。X10 的端子 1、端子 2 同时给示教器提供直流 24V 的工作电源。

二模式选择开关转到左侧，为自动运行模式。二模式选择开关的 1 端子接 24V 电压，X6 的端子 1 通过二极管接到 EN2，EN2 输出 24V 电压；二模式选择开关的 5 端子接 0V 电压，X6 的端子 4 通过二极管接到 EN1，EN1 输出 0V 电压。由此可知，在自动运行模式下，直接提供使能信号 EN1、EN2，不需要按示教器使能键。

二模式选择开关转到中间，为手动运行模式。二模式选择开关的 3 端子接 24V 电压，X6 的端子 2 通过二极管接到 MAN2，MAN2 输出 24V 电压；二模式选择开关的 7 端子接 0V 电压，X6 的端子 5 通过二极管接到 MAN1，MAN1 输出 0V 电压。

电动机通电 / 复位白色按钮通过 X6 的 7 端子输入，通过 X6 的 14 端子输出点亮指示灯。

X6 的 3、1 端子通过或门电路输出 SPEED 信号。

X6 的 8、9 端子接制动释放按钮。

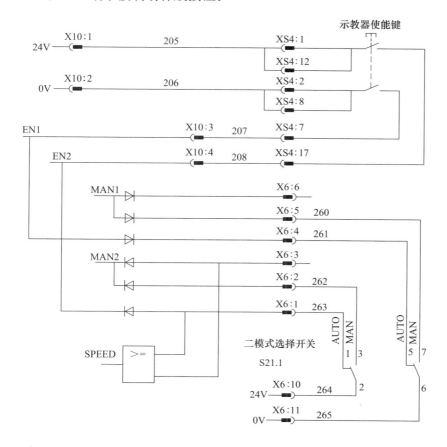

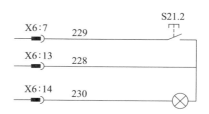

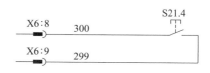

图　5-43

继电器线圈 RL3 的触点吸合，接通 24V 电压，输出 RunCh+ 信号，如图 5-44 所示。

RunCh+ 再提供给与门电路，如图 5-29 所示。继电器线圈 RL4 的触点吸合，接通 0V 电压，输出 RunCh_0V 信号，如图 5-44 所示。RunCh_0V 再提供给与非门电路，如图 5-29 所示。

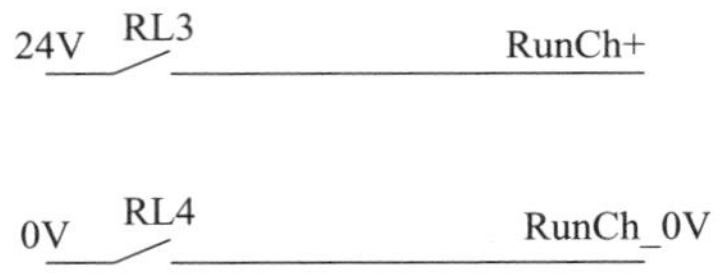

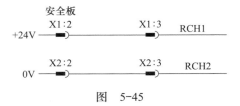

图　5-44

5.3.5　IRC5C 紧凑控制柜 RCH1、RCH2 电源信号

IRC5C 紧凑控制柜安全板 X1 的 2 端子先接 +24V 电压，再接到 X1 的 3 端子，作为 RCH1 的 +24V 电源；安全板 X2 的 2 端子先接 0V 电压，再接到 X2 的 3 端子，作为 RCH2 的 0V 电源，RCH1、 RCH2 作为接触器板继电器线圈 RL1、RL2 的电源，如图 5-45 所示。

图　5-45

如图 5-29 所示，RunCh_0V、EN1、AS1、MAN1、GS1、SS1 通过与非门电路激活场效应管，接通 RCH1 电路，提供 24V 电压；RunCh+、EN2、AS2、MAN2、GS2、SS2 通过与门电路激活场效应管，接通 RCH2 电路，提供 0V 电压。

5.4　安全板的故障诊断

可以通过安全板的 LED 状态进行故障诊断，LED 位置如图 5-46 所示，LED 的状态、含义及诊断处理方法见表 5-1。

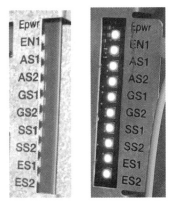

图　5-46

表　5-1

LED 名称	LED 状态	含义及诊断处理方法
Epwr	绿色闪烁	串行通信错误，检查与主计算机的连接
	绿色长亮	没有错误且系统正在运行，是正常状态
	红色闪烁	系统正在加电 / 自检模式中
	红色长亮	出现串行通信错误以外的错误，是故障状态
EN1	黄色长亮	信号 ENABLE1=1（使能信号有效）且 RS485 通信正常 ENABLE1 信号由主计算机监控，在安全板、接触器板、轴计算机板正常后，ENABLE1=1 主计算机通过 X7 接口和安全板的 X11 接口进行 RS485 通信 轴计算机板通过 X6 接口和接触器的 X4 接口进行 RS485 通信
AS1	黄色长亮	自动停止（AS）开关链 1 正常（开关闭合）
AS2	黄色长亮	自动停止（AS）开关链 2 正常（开关闭合）
GS1	黄色长亮	常规停止（GS）开关链 1 正常（开关闭合）
GS2	黄色长亮	常规停止（GS）开关链 2 正常（开关闭合）
SS1	黄色长亮	上级停止（SS）开关链 1 正常（开关闭合）
SS2	黄色长亮	上级停止（SS）开关链 2 正常（开关闭合）
ES1	黄色长亮	紧急停止（ES）链路 1 正常（开关闭合）
ES2	黄色长亮	紧急停止（ES）链路 2 正常（开关闭合）

第6章 接触器板

接触器板上的接触器 K42、K43 吸合，可给驱动板提供三相交流电源。接触器 K44 吸合，可给电动机制动线圈提供 24V 电源，使电动机旋转、机器人各关节运动，如图 6-1 所示。

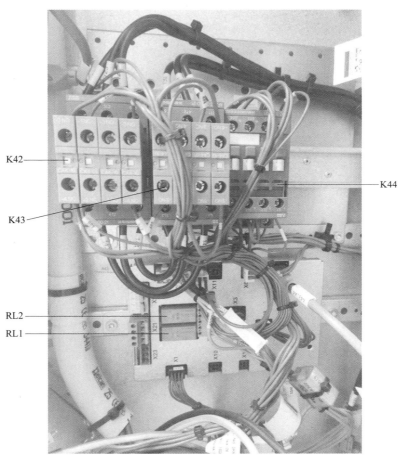

图　6-1

6.1　接触器板接口的作用

接触器板接口的位置如图 6-2 所示，具体说明如下。

X1：使能信号的 24V 电源接口。

X3：接触器 K42、K43、K44 触点反馈的互锁检测信号接口。

X4：与轴计算机通信接口。

X5：热敏电阻、制动电源 0V 接口。

X6：24V 电源输入接口。

X7：24V 电源输出接口。

X8：接触器 K42、K43、K44 线圈接口。

X9：制动控制接口。

X10：机器人本体 J1/J2 轴冷却风扇接口。

X11：机器人本体 J3 轴冷却风扇接口。

X12：工作时间计数器接口。

X21：限位开关接口。

X22：附加轴限位开关接口。

X23：限位控制接口。

X24：24V 电源接口。

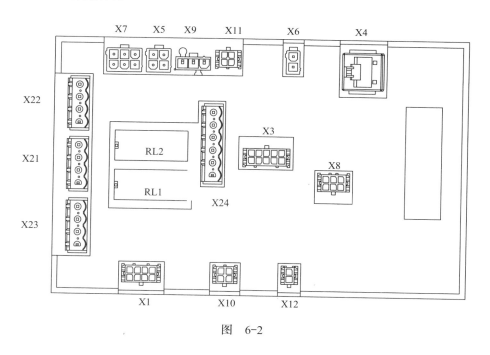

图 6-2

6.2 IRC5 标准控制柜接触器板的连接

IRC5 标准控制柜接触器板的连接如图 6-3、图 6-4 所示。

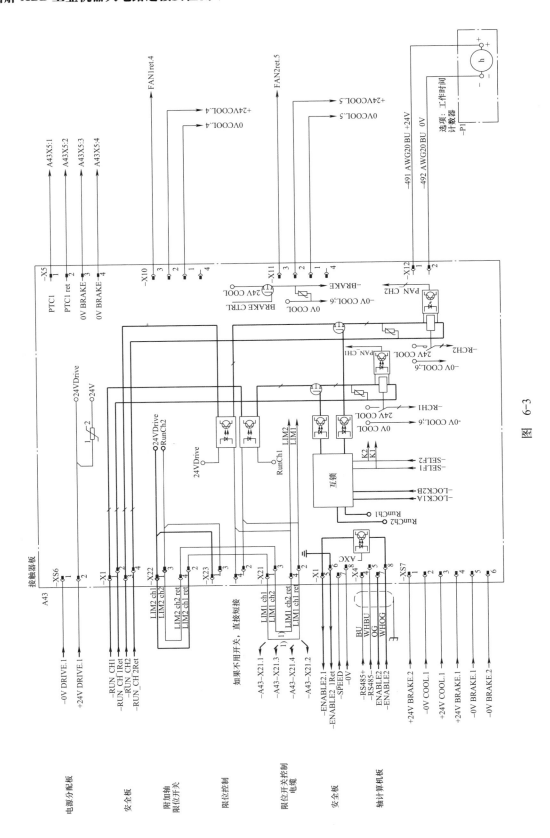

图 6-3

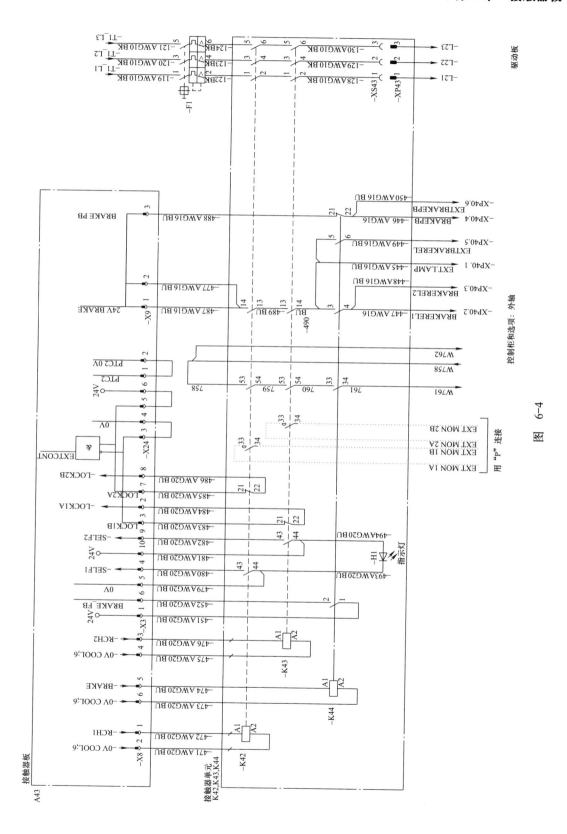

图 6-4

6.2.1　IRC5 标准控制柜接触器板 XS6（X6）的连接

IRC5 标准控制柜的接触器板由电源分配板 DSQC662 供电，接触器板 XS6（X6）的 2、1 端子为电源输入接口，可作为接触器板的工作电源，连接如图 6-5 所示。

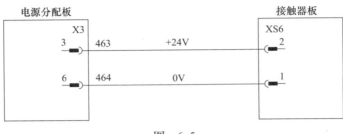

图　6-5

6.2.2　IRC5 标准控制柜接触器板 X1 的连接

参照图 5-6，通过安全板 X7 的 1、2、4、3 端子将 +24V 电源由接触器板 X1 端子的 1、2、3、4 输入，作为继电器线圈 RL1、RL2 的工作电源，如图 6-6 所示。

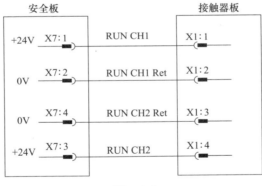

图　6-6

6.2.3　IRC5 标准控制柜接触器板继电器线圈 RL1、RL2 的控制回路

链路一：

RunCh1 为低电平时，其控制的光电耦合器件 T2 导通，24V 电源经过 X1 的 1 端子输入到场效应管 T5 的上端。互锁控制回路有效时，其控制的光电耦合器件 T3 导通，场效应管 T5 导通。24V 电源经过 RunCh1 控制的光电耦合器件 T2，经过场效应管 T5 给继电器线圈 RL1 供电，RL1 的触点导通，如图 6-7 所示。

链路二：

RunCh2 为低电平时，其控制的光电耦合器件 T1 导通，24V 电源经过 X1 的 3 端子输入到场效应管 T6 的上端。互锁控制回路有效时，其控制的光电耦合器件 T4 导通，场效应管 T6 导通。24V 电源经过 RunCh2 控制的光电耦合器件 T1，经过场效应管 T6 给继电器线圈 RL2 供电，RL2 的触点导通，如图 6-7 所示。

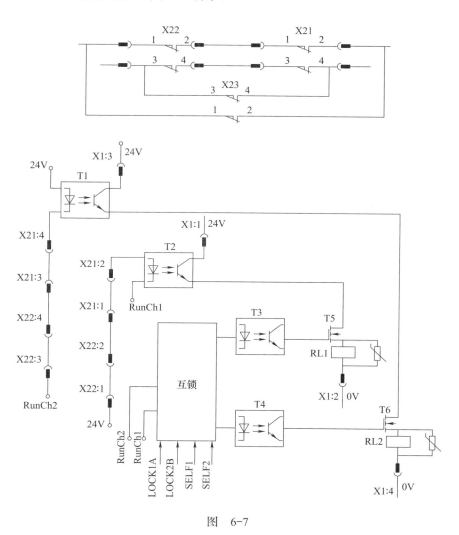

图 6-7

X21 为控制电缆限位开关，X22 为附加轴限位开关，X23 为连接器，X21、X22 先串联，然后和 X23 并联。在不使用限位开关的情况下，可以将 X21、X22 的 1、2 端子以及 3、4 端子短接。X23 的 1、2 端子以及 3、4 端子短接时，也可以短接 X21、X22。

互锁控制回路可检测接触器 K42、K43 是否同步。互锁信号 LOCK1A 通过接触器 K43 的常闭触点与 0V 电压连接，互锁信号 LOCK2B 通过接触器 K42 的常闭触点与 24V 电压连接，互锁信号 SELF1 通过接触器 K42 的常开触点与 0V 电压连接，互锁信号 SELF2 通过接触器 K43 的常开触点与 24V 电压连接，以上信号可作为判断接触器 K42、K43 是否正常工作的反馈信号。

运行链的结构图如图 6-8 所示，紧急停止控制回路控制双链路信号 ES1、ES2；常规停止控制回路控制双链路信号 GS1、GS2；上级停止控制回路控制双链路信号 SS1、SS2；手动模式（MAN）由示教器使能键、自动模式（AUTO）控制双链路使能信号 EN1、EN2；自动停止控制回路控制双链路信号 AS1、AS2；限位开关 X21、X22 接口控制回路正常（导通）；轴计算机板正常进行，输出控制信号 RunCh1、RunCh2；互锁控制回路的反馈信号 LOCK1A、LOCK2B、SELF1、SELF2 输出正常；以上条件均满足，接触器 K42、K43 线圈得电，触点闭合，驱动板得电，使六轴伺服电动机旋转。

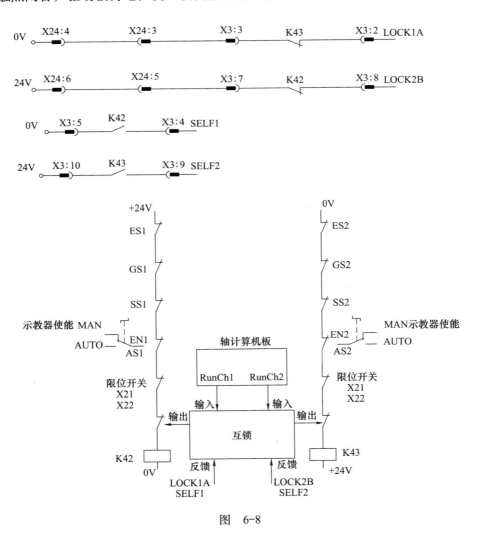

图　6-8

6.2.4　IRC5 标准控制柜接触器板 X7 的连接

IRC5 标准控制柜接触器板 X7 的连接如图 2-11～图 2-13 所示，X7 为 24V 电源接入端子。

6.2.5　IRC5 标准控制柜接触器板 K42、K43、K44 的控制电路

接触器板的 RL1 触点吸合，接触器 K42 线圈得电。接触器板的 RL2 触点吸合，接触器 K43 线圈得电。接触器板的制动控制信号有效，场效应管 T7 导通，接触器 K44 线圈得电，使伺服电动机的制动线圈得电，可以移动各个关节轴，如图 6-9 所示。

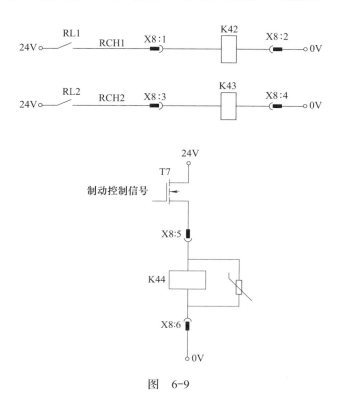

图　6-9

接触器 K42、K43 的三相触点闭合，三相电源 T1_L1、T1_L2、T1_L3 输送到驱动板，给驱动板的 X1 接口提供三相电源，如图 6-10 所示。根据不同机型，三相电压分为 480V 和 262V。

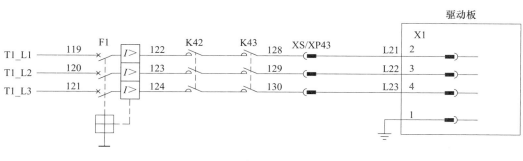

图　6-10

接触器板 X9 接口的 1、2 端子提供 24V 电源，接触器板接口 X5 的 3、4 端子提供 0V 电源，

经过接触器 K42、K43 触点给发光二极管指示灯供电,如图 6-11 所示。XS/XP1 是控制柜上的接头,R1–MP 是工业机器人本体上的接头。

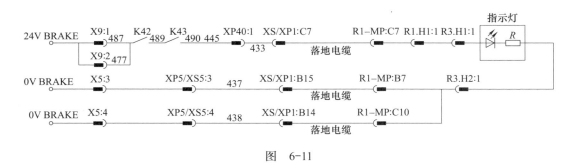

图　6-11

接触器板 X9 接口的 1、2 端子提供 24V 电源,接触器板接口 X5 的 3、4 端子提供 0V 电源。

24V 电源经过接触器 K42、K43、K44 触点给 6 个关节的伺服电动机的制动线圈供电,使电动机可以转动,MU1 ～ MU6 的 B 线圈依次为 J1 ～ J6 轴伺服电动机的制动线圈,制动线圈并联。J1 ～ J3 轴的制动线圈标准阻值为 17 ～ 23 Ω,J4 ～ J6 轴的制动线圈标准阻值为 18 ～ 30 Ω。XS/XP1 是控制柜上的接头,R1–MP 是工业机器人本体上的接头。

手动解除制动时,继电器 K44 线圈断电,K44 常闭触点导通,按下制动解除按钮,可以强制给 6 个关节的伺服电动机的制动线圈供电,如图 6-12 所示。

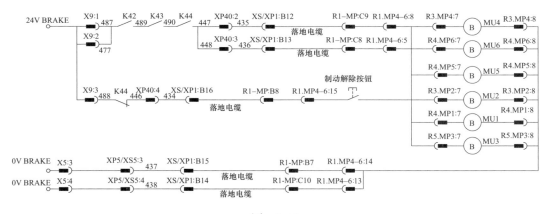

图　6-12

6.2.6　IRC5 标准控制柜接触器板的工业机器人本体风扇控制电路

接触器板 X10 的端子 2、1 给风扇 M1 提供 24V 电源,X10 的端子 3 连接风扇返回的报警信号,风扇带有转速反馈,如果转速太低会报警。M1 风扇冷却 J1 或者 J2 轴。接触器板 X11 的端子 2、1 给风扇 M2 提供 24V 电源,X11 的端子 3 连接风扇返回的报警信号,风扇带有转速反馈,如果转速太低会报警。M2 风扇冷却 J3 轴。控制电路如图 6-13 所示。

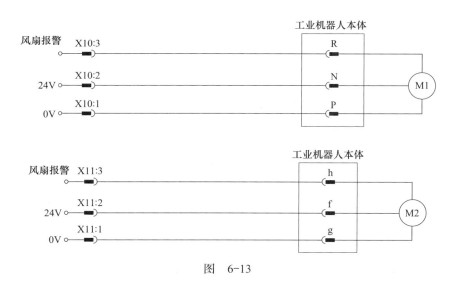

图　6-13

6.2.7　IRC5 标准控制柜接触器板电动机温度控制电路

接触器板 X5 的端子 1、2 连接 6 个关节轴的伺服电动机的热敏电阻，M5PTC、M6PTC、M4PTC、M3PTC、M1PTC、M2PTC 分别为 J5、J6、J4、J3、J1、J2 伺服电动机的热敏电阻，用于测量伺服电动机的温度，热敏电阻串联。PTC 为正温度系数热敏电阻，温度升高，阻值变大，控制器报警，工业机器人停止工作，如图 6-14 所示。常温下，每个热敏电阻的阻值约 77 Ω，总阻值约 430 Ω。IRB1600、IRB2600 等小型工业机器人电动机不带热敏电阻，端子 5、6 直接短接。

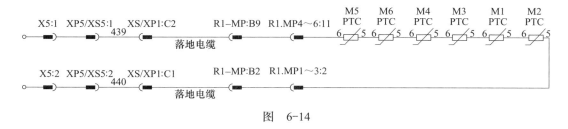

图　6-14

6.2.8　IRC5 标准控制柜接触器板 X4 的连接

IRC5 标准控制柜接触器板的 X4 与轴计算机板的 X6 接口连接，完成接触器板与轴计算机板的通信，如图 4-11 所示。

6.3　IRC5C 紧凑控制柜接触器板的连接

IRC5C 紧凑控制柜接触器板的连接如图 6-15 所示。

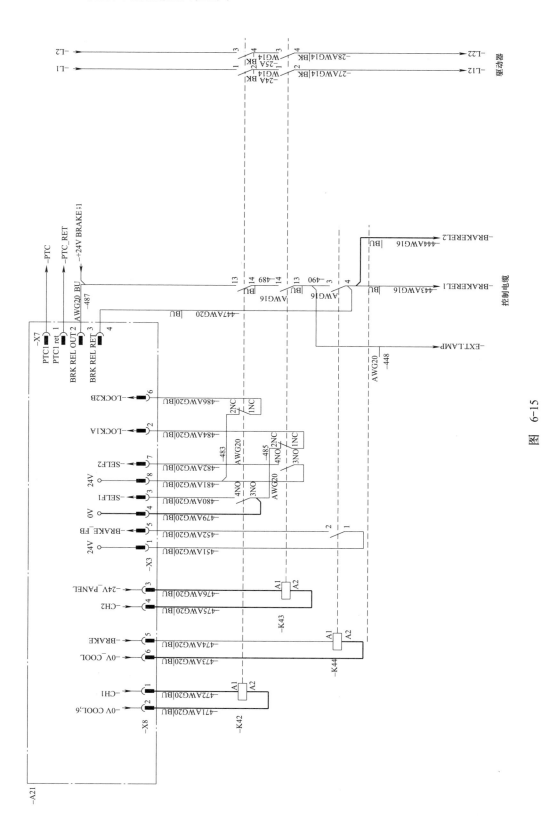

图 6-15

6.3.1　IRC5C 紧凑控制柜接触器板 K42、K43、K44 的控制电路

接触器 K42、K43 线圈得电，常开触点闭合，给驱动板供电的 CN6 接口供电，L1、L2 之间电压为单相交流 220V，驱动板得电，指示灯亮。接触器 K44 线圈得电，给伺服电动机制动线圈供电。

互锁控制回路可检测接触器 K42、K43 是否同步。互锁信号 LOCK1A 通过接触器 K43 的常闭触点与 0V 电压连接，互锁信号 LOCK2B 通过接触器 K42 的常闭触点与 24V 电压连接，互锁信号 SELF1 通过接触器 K42 的常开触点与 0V 电压连接，互锁信号 SELF2 通过接触器 K43 的常开触点与 24V 电压连接，制动反馈信号 BRAKE_FB 通过接触器 K44 的常开触点与 24V 电压连接，以上信号作为判断接触器 K42、K43、K44 是否正常工作的反馈信号，如图 6-16 所示。

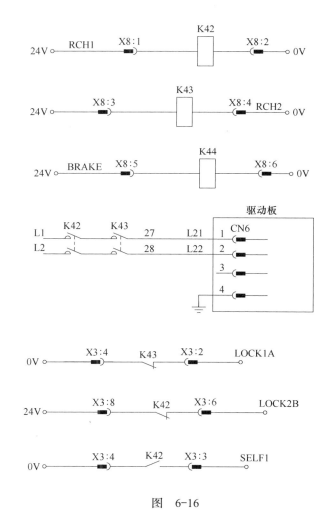

图　6-16

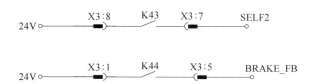

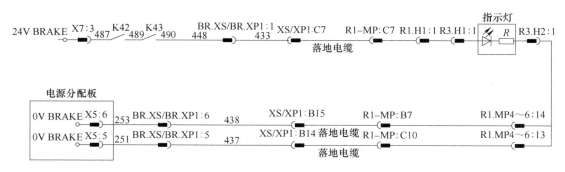

图 6-16（续）

24V 电源经过接触器 K42、K43、K44 触点给 6 个关节的伺服电动机的制动线圈供电，电动机可以转动，M1 ～ M6 的 B 线圈依次为 J1 ～ J6 伺服电动机的制动线圈。J1 ～ J3 轴的制动线圈标准阻值为 17 ～ 23Ω，J4 ～ J6 轴的制动线圈标准阻值为 18 ～ 30Ω。

手动解除制动时，继电器 K44 线圈断电，K44 常闭触点导通。按下制动按钮，可以强制给 6 个关节的伺服电动机的制动线圈供电，可以移动各个关节轴，如图 6-17 所示。

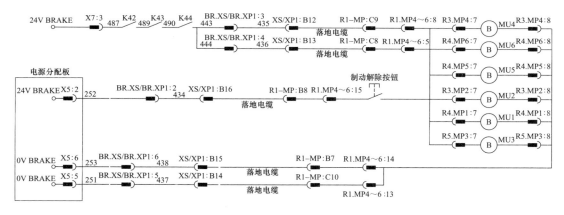

图 6-17

6.3.2 IRC5C 紧凑控制柜接触器板电动机温度控制电路

IRC5C 紧凑控制柜接触器板 X7 的端子 1、2 连接 6 个关节轴的伺服电动机的热敏电阻，M5PTC、M6PTC、M4PTC、M3PTC、M1PTC、M2PTC 分别为 J5、J6、J4、J3、J1、J2 伺

服电动机的热敏电阻,用于测量伺服电动机的温度,热敏电阻串联。PTC 温度升高,阻值变大,如图 6-18 所示。常温下,每个热敏电阻的阻值约 77Ω,总阻值约 430Ω。IRB 1600、IRB 2600 等小型 ABB 工业机器人电动机不带热敏电阻,端子 5、6 直接短接。

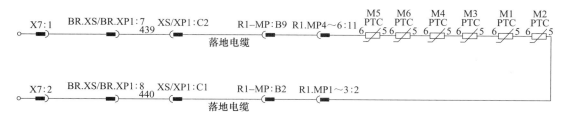

图　6-18

6.4　制动单元的控制

ABB 工业机器人还可以采用制动单元(BU)进行制动的控制,尤其是 IRB 6640 等一些大型工业机器人。制动单元如图 6-19 所示,其中包含 6 个制动解除按钮,可以对每个轴单独进行制动解除。制动单元的控制电路如图 6-20 所示。

24V 电源经过接触器 K42、K43、K44 触点,再经过 X8 的 1 端子给 6 个关节的伺服电动机的制动线圈供电,可使电动机转动。

手动解除制动时,继电器 K44 线圈断电,K44 常闭触点导通,按下制动解除按钮,经过 X8 的 5 端子可以单独强制给每个关节的伺服电动机的制动线圈供电,如图 6-20 所示。

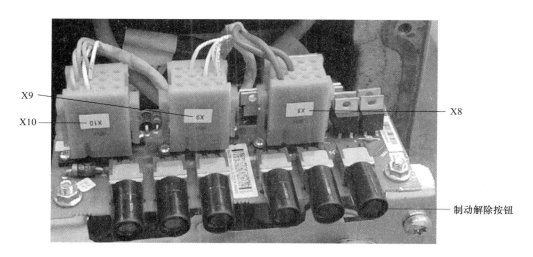

图　6-19

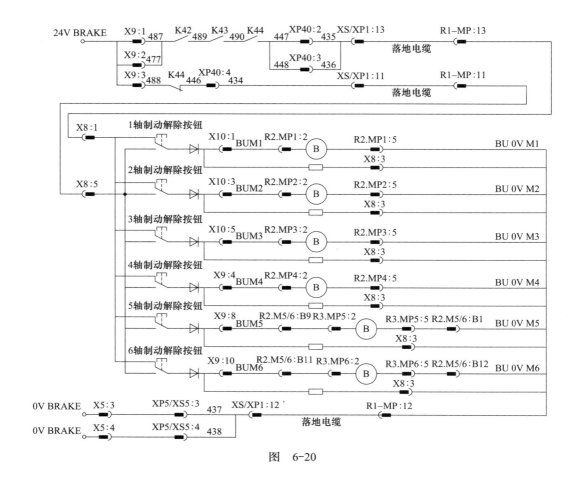

图　6-20

6.5　接触器板的故障诊断

可以通过接触器板的 LED 状态进行故障诊断，LED 位置如图 6-21 中的①所示，LED 的状态及诊断见表 6-1。

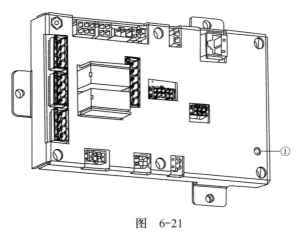

图　6-21

表　6-1

LED 的状态	诊断
闪烁绿灯	串行通信错误
持续绿灯	找不到错误，且系统正在运行，是正常状态
闪烁红灯	系统正处在上电 / 自检模式中
持续红灯	出现串行通信错误以外的错误

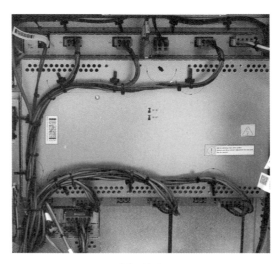

第7章 驱 动 板

驱动板先将变压器通过接触器板提供的三相交流电整流成直流电，作为直流母线，再将直流电逆变成交流电来驱动伺服电动机，以控制工业机器人各个关节的运动。驱动板如图 7-1 所示。

图　7-1

7.1 驱动板接口的作用

驱动板接口的位置如图 7-2 所示，说明如下。

X1：三相交流电源输入接口。

X2：泄流电阻连接接口。

X6：直流 24V 电源输入连接接口。

X7：直流 24V 电源输出连接接口。

X8：与轴计算机板连接接口。

X9：与附加驱动器连接接口。

X11：J1 轴伺服电动机 MU1 连接接口。

X12：J2 轴伺服电动机 MU2 连接接口。

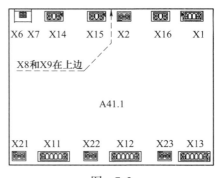

图　7-2

X13：J3 轴伺服电动机 MU3 连接接口。

X14：J4 轴伺服电动机 MU4 连接接口。

X15：J5 轴伺服电动机 MU5 连接接口。

X16：J6 轴伺服电动机 MU6 连接接口。

X21、X22、X23：直流母线电源连接接口。

7.2　IRC5 标准控制柜驱动板的连接

7.2.1　IRC5 标准控制柜驱动板 X6 的连接

电源分配板 X3 的 2 端子（线号为 518）输出 +24V 电压、5 端子（线号为 519）输出 0V 电压，给驱动板提供工作电源，如图 7-3 所示。

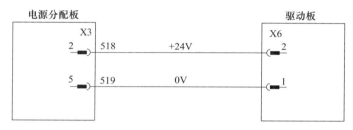

图　7-3

7.2.2　IRC5 标准控制柜驱动板 X1 的连接

IRC5 标准控制柜驱动板 X1 输入三相交流电 L21、L22、L23，驱动板将交流电整流成直流电 DC+、DC−，再逆变成交流电，驱动 J1 ～ J6 轴伺服电动机，连接如图 7-4 所示。三相交流电 L21、L22、L23 来自接触器板，如图 6-4 所示。

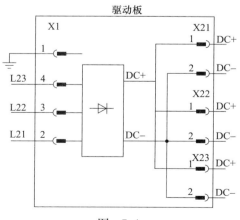

图　7-4

7.2.3 IRC5 标准控制柜驱动板 X2 的连接

IRC5 标准控制柜驱动板 X2 连接泄流电阻，泄流电阻可以将伺服电动机制动时产生的能量消耗掉，阻值约 13Ω，如图 7-5 所示。

7.2.4 IRC5 标准控制柜驱动板 X7 的连接

IRC5 标准控制柜驱动板 X7 输出 24V 电压，通过附加驱动器的 X6 接口提供工作电源，如图 7-6 所示。

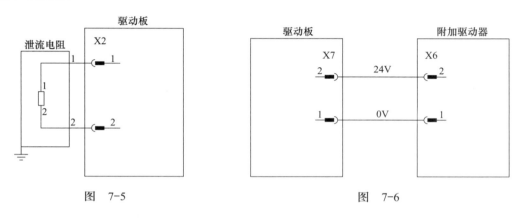

图 7-5   图 7-6

7.2.5 IRC5 标准控制柜驱动板 X8 的连接

IRC5 标准控制柜驱动板 X8 与轴计算机板的 X11 连接，接收轴计算机板的控制指令，如图 7-7 所示。

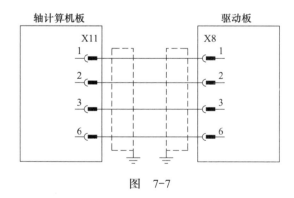

图 7-7

7.2.6 IRC5 标准控制柜驱动板 X9 的连接

IRC5 标准控制柜驱动板 X9 与附加驱动器的 X8 连接，传递轴计算机板的控制指令，如图 7-8 所示。

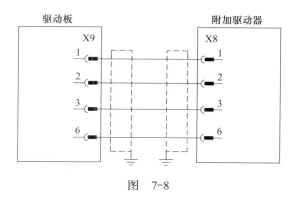

图　7-8

7.2.7　IRC5 标准控制柜驱动板 X21、X22、X23 的连接

IRC5 标准控制柜驱动板 X21、X22、X23 输出三路直流电源 DC+、DC–，直流电源 DC+、DC– 给附加驱动器提供动力电源，然后附加驱动器将直流电源逆变成交流电，驱动附加轴的伺服电动机，如图 7-9 所示。

主计算机首先通过 X9 接口将控制指令传递给轴计算机板的 X2 接口，然后轴计算机板通过 X11 接口传递给驱动板的 X8 接口，接着驱动板通过 X9 接口可以将控制指令传递给附加驱动器的 X8 接口，由 X9 → X8 依次向下传递。

驱动板通过 X7 接口将 24V 工作电源传递给附加驱动器的 X6 接口，由 X7 → X6 依次向下传递。

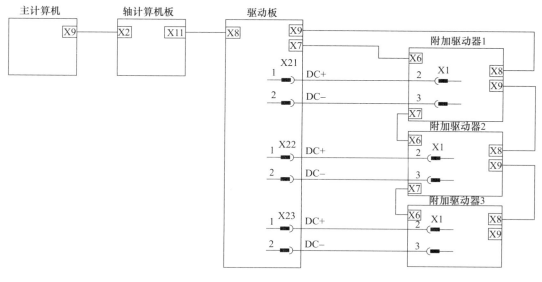

图　7-9

7.2.8 IRC5 标准控制柜驱动板电动机的控制电路

驱动板的 X11 ～ X16 分别为工业机器人本体上 J1 ～ J6 轴的动力线接口，动力电缆先接到控制柜的 XS1/XP1 接口，再通过落地电缆接到工业机器人本体的 R1–MP 接口，给伺服电动机提供三相交流电源，如图 7-10 所示。

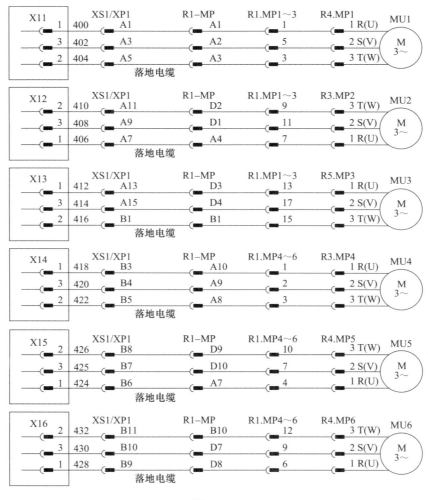

图 7-10

7.3 IRC5C 紧凑控制柜驱动板的连接

IRC5C 紧凑控制柜驱动板连接如图 7-11 所示。

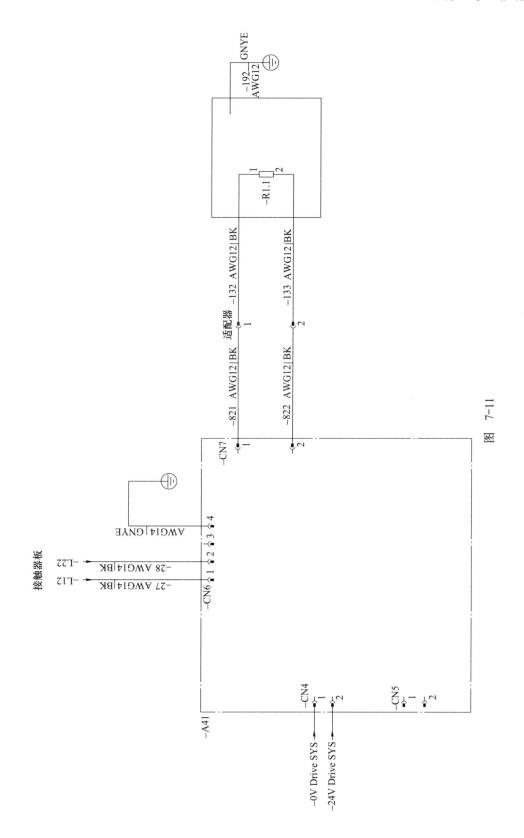

图　7-11

7.3.1 IRC5C 紧凑控制柜驱动板 CN4 的连接

电源分配板 X3 的 2 端子（线号为 243）输出 +24V 电压、5 端子（线号为 244）输出 0V 电压，给驱动板提供电源，如图 7-12 所示。

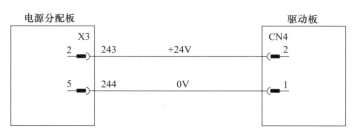

图 7-12

7.3.2 IRC5C 紧凑控制柜驱动板 CN6 的连接

IRC5C 紧凑控制柜驱动板 CN6 连接交流电源 L12、L22，如图 7-11 所示。单相交流电 L21、L22 来自接触器板，如图 6-14 所示。驱动板先将交流电整流成直流电，再逆变成交流电，驱动 J1 ～ J6 轴伺服电动机。

7.3.3 IRC5C 紧凑控制柜驱动板 CN7 的连接

IRC5C 紧凑控制柜驱动板 CN7 连接泄流电阻，如图 7-11 所示。

7.3.4 IRC5C 紧凑控制柜驱动板电动机的控制电路

IRC5C 紧凑控制柜驱动板的 CN100 ～ CN600 分别为工业机器人本体上 J1 ～ J6 轴的动力线接口，给伺服电动机提供三相交流电源，如图 7-13 所示。

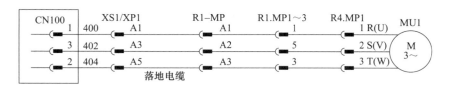

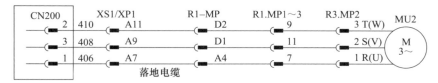

图 7-13

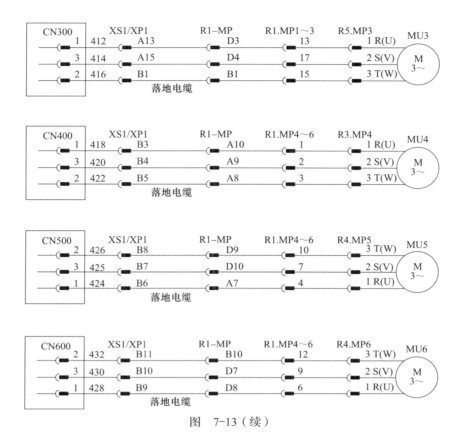

图　7-13（续）

7.4　驱动板的故障诊断

可以通过驱动板的 LED 状态进行故障诊断，LED 位置如图 7-14 所示，主驱动单元（驱动板）以太网 LED、附加驱动器以太网 LED 的状态及诊断见表 7-1。

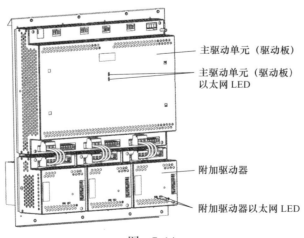

图　7-14

表 7-1

LED 说明	LED 的状态	诊断
显示其他轴计算机（2、3 或 4）和以太网电路板之间的以太网通信状态	绿灯熄灭	选择了网速 10Mbit/s
	绿灯亮起	选择了网速 100Mbit/s
	黄灯闪烁	两个单元正在以太网通道上进行通信
	黄色持续	以太网通道已建立连接
	黄灯熄灭	未建立以太网连接

第8章 串口测量板

串口测量板可将伺服电动机编码器的位置信息进行处理和保存。在控制柜断电的情况下，电池（10.8V和7.2V两种规格）可给串口测量板供电，使串口测量板具有断电保持数据的功能。串口测量板如图8-1所示。ABB工业机器人伺服电动机编码器的英文是Resolver，一般译作旋转变压器或分解器，本书统一称为编码器。

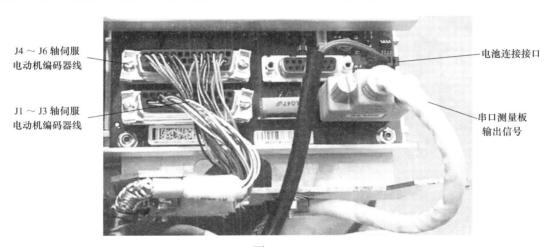

J4～J6轴伺服
电动机编码器线

J1～J3轴伺服
电动机编码器线

电池连接接口

串口测量板
输出信号

图 8-1

8.1 串口测量板接口的作用

串口测量板接口的位置如图8-2所示，具体说明如下。

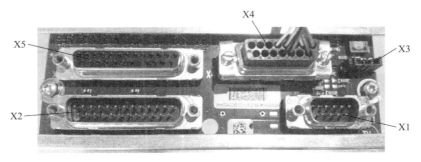

图 8-2

X1：与轴计算机板通信的接口。

X2：连接 J1 ～ J3 轴伺服电动机编码器的接口。

X3：电池连接接口。

X4：连接 J7 附加轴伺服电动机编码器的接口。

X5：连接 J4 ～ J6 轴伺服电动机编码器的接口。

8.2　IRC5 标准控制柜串口测量板的连接

IRC5 标准控制柜串口测量板的连接如图 8-3 所示。

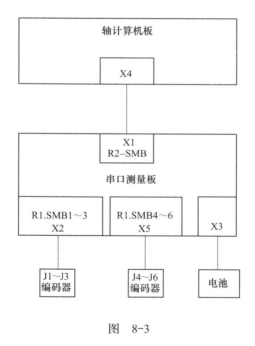

图　8-3

8.2.1　IRC5 标准控制柜串口测量板 X3 的连接

IRC5 标准控制柜串口测量板 X3 为电池接口，在控制柜断电的情况下，电池给串口测量板供电，串口测量板可以保持相关的数据，如图 8-4 所示。电池有 10.8V（三节）和 7.2V（两节）两种规格，为不可充电电池。

电池的剩余后备电量（工业机器人电源关闭）不足两个月时，将显示电池低电量警告（38213，电池电量低）。若工业机器人电源每周关闭 2 天，则新电池的使用寿命为 36 个月；若工业机器人每天关闭 16h，则新电池的使用寿命为 18 个月。如果较长时间中断生产，通过启动电池关闭服务例行程序（Bat_Shutdown）可以延长电池的使用寿命（提高寿命约 3 倍）。再次通电使用时，需要重新更新转速计数器，工业机器人才可以正常运行。

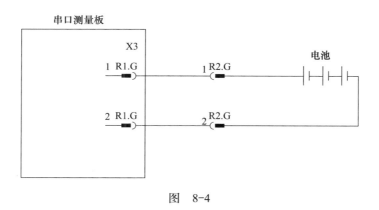

图　8-4

8.2.2　IRC5 标准控制柜串口测量板 X2（R1.SMB1 ～ 3）的连接

IRC5 标准控制柜串口测量板 X2（R1.SMB1 ～ 3）输入 J1 ～ J3 轴的伺服电动机编码器信号，连接如图 8-5 所示。编码器输入激励信号 EXC1/0V EXC1，编码器输出 X*/0V X*、Y*/0V Y* 信号，* 为 1 ～ 3，检测伺服电动机的旋转速度、方向和位置。ABB 工业机器人伺服电动机的编码器为单圈绝对编码器，输出模拟量信号，经过串口测量板进行模数转换。编码器实际是旋转变压器，EXC1/0V EXC1 是旋转变压器的输入激励信号，X*/0V X* 是旋转变压器的输出余弦信号，Y*/0V Y* 是旋转变压器的输出正弦信号。

J1 轴编码器信号输入到 X2 的 2、14、3、15、6、18 端子，J2 轴编码器信号输入到 X2 的 4、16、5、17、7、19 端子，J3 轴编码器信号输入到 X2 的 9、21、10、22、8、20 端子。

8.2.3　IRC5 标准控制柜串口测量板 X5（R1.SMB4 ～ 6）的连接

IRC5 标准控制柜串口测量板 X5（R1.SMB4 ～ 6）输入 J4 ～ J6 轴的伺服电动机编码器信号，连接如图 8-6 所示。编码器输入激励信号 EXC2/0V EXC2，编码器输出 X*/0V X*、Y*/0V Y* 信号，* 为 4 ～ 6，检测伺服电动机的旋转速度、方向和位置。ABB 工业机器人伺服电动机的编码器为单圈绝对编码器，输出模拟量信号，经过串口测量板进行模数转换。编码器实际是旋转变压器，EXC2/0V EXC2 是旋转变压器的输入激励信号，X*/0V X* 是旋转变压器的输出余弦信号，Y*/0V Y* 是旋转变压器的输出正弦信号。

J4 轴编码器信号输入到 X5 的 2、14、3、15、6、18 端子，J5 轴编码器信号输入到 X5 的 4、16、5、17、7、19 端子，J6 轴编码器信号输入到 X5 的 9、21、10、22、8、20 端子。

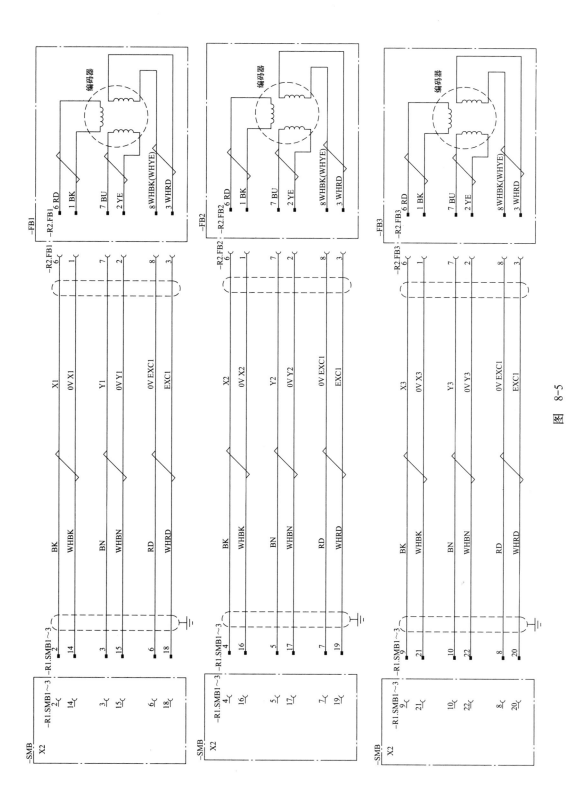

图 8-5

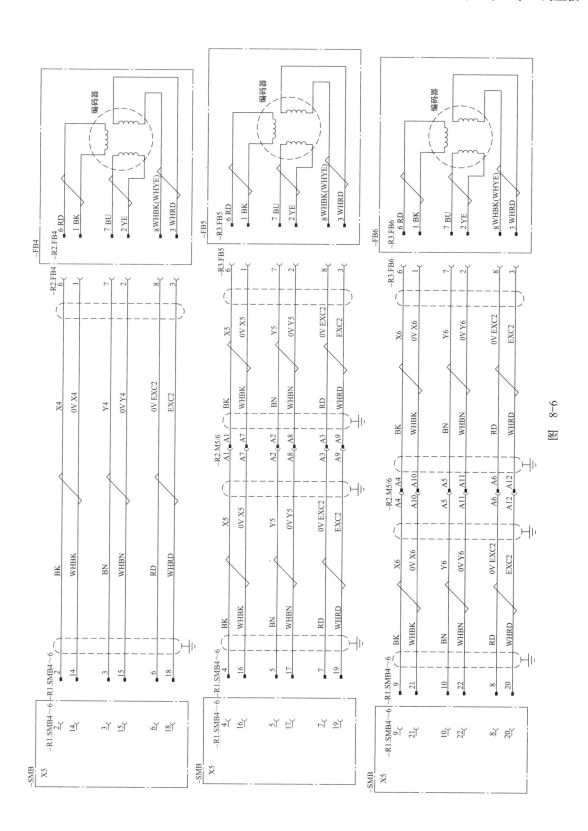

图 8-6

伺服电动机动力线、制动线、热敏电阻线、编码器连接如图 8-7 所示。

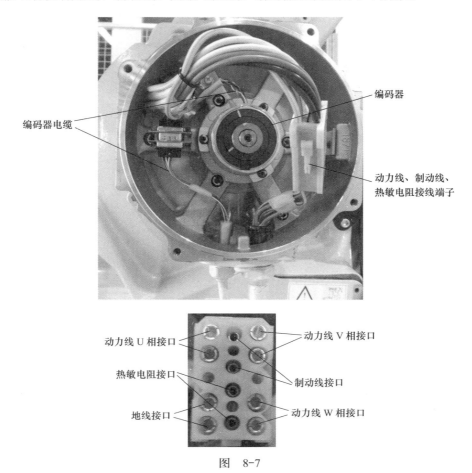

图　8-7

电动机接线如图 8-8 所示。在图 8-8 中，MU2 为 J2 轴伺服电动机；1、2、3 端子为电动机三相动力线接头，1、2 为 UV 线圈，1、3 为 UW 线圈，2、3 为 VW 线圈，它们之间的阻值几乎相等；7、8 为抱闸制动线圈，阻值约 20Ω；5、6 为正温度系数 PTC 热敏电阻接头，用于检测伺服电动机的温度。

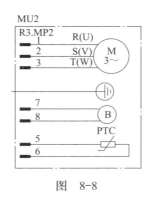

图　8-8

编码器接线如图 8-9 所示。在图 8-9 中，FB2 为 J2 轴伺服电动机的编码器，ABB 伺服电动机的编码器实际为旋转变压器。旋转变压器需要输入激励信号（励磁信号），转子转动时，输出正弦信号、余弦信号，检测伺服电动机的旋转速度、方向和位置；3、8 端子为转子线圈，输入激励信号 EXC/0V EXC；7、2 为正弦线圈，输出正弦信号 Y2/0V Y2；6、1 端子为余弦线圈，输出余弦信号 X2/0V X2。

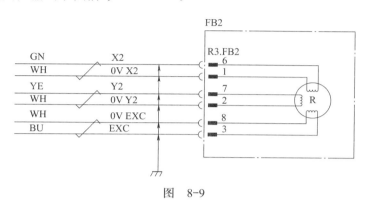

图　8-9

8.2.4　IRC5 标准控制柜串口测量板 X1 的连接

IRC5 标准控制柜串口测量板的 X1 与轴计算机板的 X4 接口连接，串口测量板先将工业机器人本体的 J1 ～ J6 轴电机编码器信号处理成串行信号 SDI、SDI–N 和 SDO、SDO–N，然后反馈给轴计算机板处理，如图 8-10 所示。

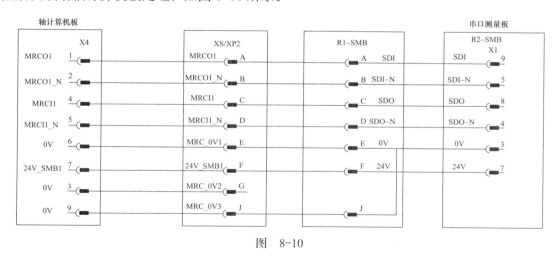

图　8-10

8.3　IRC5C 紧凑控制柜串口测量板的连接

IRC5C 紧凑控制柜串口测量板的连接与 IRC5 标准控制柜串口测量板相同，此处不再赘述。

第 9 章 　输入输出 I/O 模块

ABB 工业机器人通过输入输出 I/O 模块与外部设备进行通信。由于 I/O 模块种类繁多，本章只介绍 DSQC651、DSQC1030、DSQC609 这三种模块。

9.1 　DSQC651 模块

DSQC651 模块主要用于 8 个数字输入信号、8 个数字输出信号和 2 个模拟输出信号的处理，如图 9-1 所示，具体说明如下。

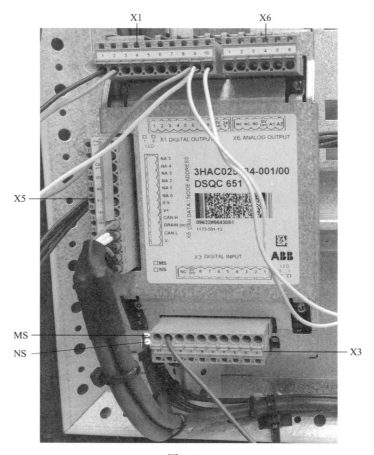

图　9-1

X1：数字输出接口。

X3：数字输入接口。

X5：DeviceNet 接口。

X6：模拟量输出接口。

9.1.1　DSQC651 的 X5 连接

DSQC651 的 X5 为 DeviceNet 接口，可实现与主计算机的 DeviceNet 通信和模块地址的设定。

X5 端子说明见表 9-1。

表　9-1

端子编号	名称	含义
12	NA5	模块地址的第 5 位
11	NA4	模块地址的第 4 位
10	NA3	模块地址的第 3 位
9	NA2	模块地址的第 2 位
8	NA1	模块地址的第 1 位
7	NA0	模块地址的第 0 位
6	0V	地址选择公共端（低电平 0V）
5	V+	24V（红色线）
4	CANH	CAN 高电平信号线（白色线）
3	DRAIN (nc)	屏蔽线
2	CANL	CAN 低电平信号线（蓝色线）
1	V–	0V（黑色线）

ABB 标准 I/O 模块是连接在 DeviceNet 网络上的，所以要设定模块在网络中的地址。端子 X5 的 6 ～ 12 跳线用来决定模块的地址，地址可用范围为 10 ～ 63。

如图 9-2 所示，将第 8 脚和第 10 端子的跳线剪去，7、9、11、12 端子与 6 连接，为低电平，对应地址无效。8、10 端子为高电平，对应地址有效，2+8=10，所以模块地址为 10。

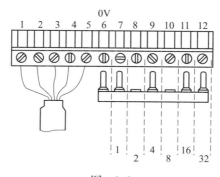

图　9-2

DSQC1006 为主计算机的 DeviceNet 板卡，DeviceNet 总线上首末两端的 I/O 模块需要在 2、4 端子连接终端电阻，终端电阻为阻值 120Ω、功率 1/4W、精度 1% 的金属膜电阻，如图 9-3 所示。终端电阻损坏会造成通信失败。DeviceNet 总线的 24V 电源由 DeviceNet 电源模块提供，线号为 297、298，经过柜门上的端子 XT31 后线号为 704、703。ABB 标准控制柜配置了 2 个 120Ω 的终端电阻。ABB 紧凑控制柜配置了 1 个 120Ω 的终端电阻。

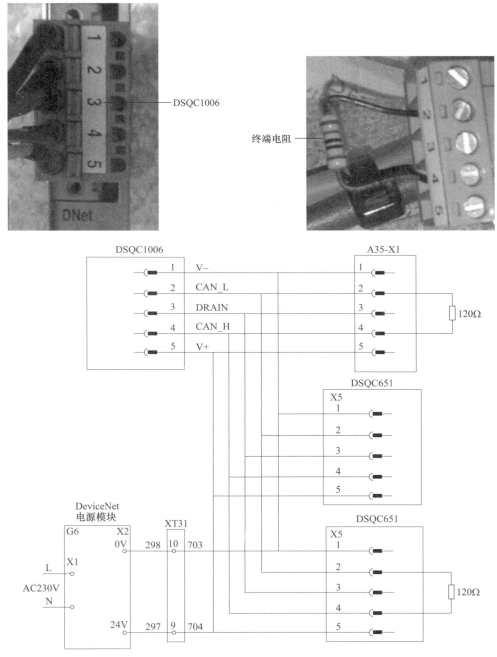

图　9-3

9.1.2 DSQC651 的 X3 连接

DSQC651 的 X3 为数字输入接口，X3 的端子说明见表 9-2。

表 9-2

端子编号	10	9	8	7	6	5	4	3	2	1
含义	未使用	0V	输入信号 8	输入信号 7	输入信号 6	输入信号 5	输入信号 4	输入信号 3	输入信号 2	输入信号 1
地址分配			7	6	5	4	3	2	1	0

X3 的 9 端子需要单独接入电源的 0V。输入信号一端接 24V，另一端接到对应的端子上，如图 9-4 所示。

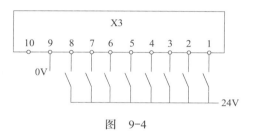

图 9-4

9.1.3 DSQC651 的 X1 连接

DSQC651 的 X1 为数字输出接口，X1 的端子说明见表 9-3。

表 9-3

端子编号	1	2	3	4	5	6	7	8	9	10
含义	输出信号 1	输出信号 2	输出信号 3	输出信号 4	输出信号 5	输出信号 6	输出信号 7	输出信号 8	0V	24V
地址分配	32	33	34	35	36	37	38	39		

X3 的 9 端子、10 端子需要单独接入电源的 0V 和 24V。输出端子输出 24V 电压，可以驱动直流继电器线圈，如图 9-5 所示。

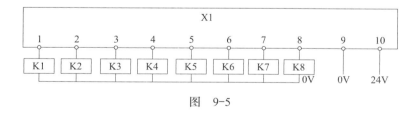

图 9-5

9.1.4 DSQC651 的 X6 连接

DSQC651 的 X6 为模拟量输出接口，X6 的端子说明见表 9-4。

表 9-4

端子编号	1	2	3	4	5	6
含义	未使用	未使用	未使用	0V	模拟输出 AO1	模拟输出 AO2
地址分配					0～15	16～31

AO1、AO2 模拟量输出电压为 0～+10V，4 端子为 0V，如图 9-6 所示。

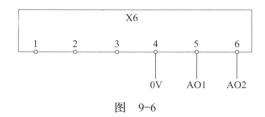

图 9-6

9.2 DSQC1030 模块

DSQC1030 模块为新型 I/O 模块，取代 DSQC652 与主计算机通过 EtherNet/IP 总线进行通信。DSQC1030 模块接口的位置如图 9-7 所示，具体说明如下。

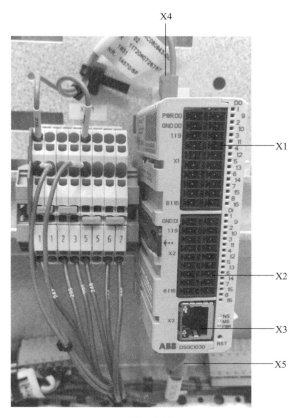

图 9-7

X1：数字输出接口。

X2：数字输入接口。

X3：与主计算机进行 EtherNet/IP 总线通信的接口。

X4：电源接口。

X5：与主计算机进行 EtherNet/IP 总线通信的接口。

9.2.1　DSQC1030 的 X4 连接

DSQC1030 的 X4 为电源接口，电源分配板 X4 的 1、3 端子提供 +24V 电源，接入 DSQC1030 X4 的 2、1 端子，如图 9-8 所示。

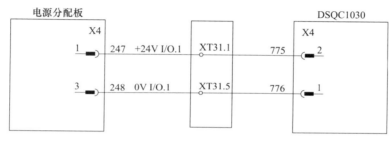

图　9-8

9.2.2　DSQC1030 的 X5 连接

通信接口 X5 与主计算机的 X4 接口进行 EtherNet/IP 总线通信，如图 9-9 所示。

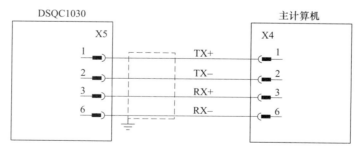

图　9-9

9.2.3　DSQC1030 的 X2 连接

数字输入端 X2 的 9 端子需要单独接入电源的 0V。输入信号一端接 24V，另一端接到对应的端子上，输入信号为 1（24V）时，对应的指示灯会亮，如图 9-10 所示。

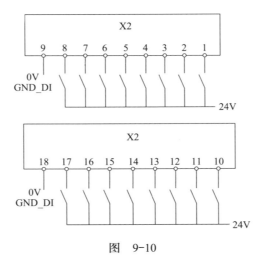

图 9-10

9.2.4 DSQC1030 的 X1 连接

数字输出端 X1 的 9 端子、10 端子以及 19 端子、20 端子需要单独接入电源的 0V 和 24V。输出端子能够输出 24V 电压，可以驱动直流继电器线圈，输出信号为 1（24V）时，对应的指示灯会亮，如图 9-11 所示。

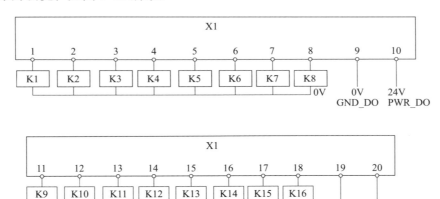

图 9-11

9.3 客户 I/O 电源 DSQC609 模块

客户 I/O 电源 DSQC609 模块可以给外部继电器、电磁阀等提供直流 24V 电源，如图 9-12 所示。客户 I/O 电源模块的 G4、G5 接入单相 230V 交流电，整流输出 24V 直流电源，与系统电源模块的 24V 电源是分开、各自独立的。24V 电源的线号为 295，0V 电源的线号为 296，如图 9-13 所示。

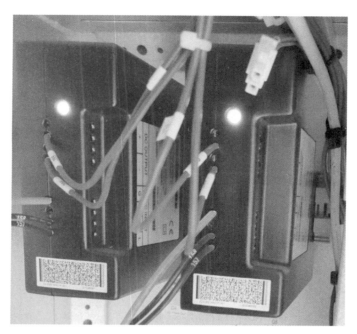

图　9-12

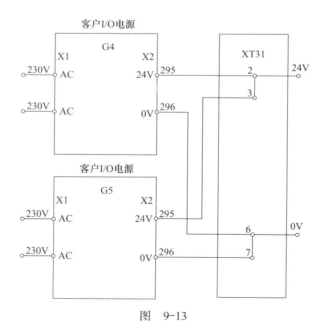

图　9-13

9.4　ABB 标准 I/O 模块的故障诊断

可以通过标准 I/O 模块 MS、NS 的 LED 状态进行故障诊断，MS、NS 的 LED 位置如图 9-1 所示，其 LED 的状态及诊断见表 9-5。

表 9-5

模块	LED 的状态	诊断
MS	熄灭	无电源输入
	绿色长亮	正常
	绿色闪烁	根据示教器的相关报警信息提示，检查系统参数是否有问题
	红色闪烁	出现可恢复的轻微故障，根据示教器的提示信息进行处理
	红色长亮	出现不可恢复的故障
	红 / 绿闪烁	自检中
NS	熄灭	无电源输入或未能完成 Duplicate MAC_ID 的测试
	绿色长亮	正常
	绿色闪烁	模块上线了，但没有和其他模块建立连接
	红色闪烁	连接超时，根据示教器的提示信息进行处理
	红色长亮	通信出错，可能 Duplicate MAC_ID 或 Bus_off 出错

9.5 客户 I/O 电源的故障诊断

可以通过客户 I/O 电源的 LED 状态进行故障诊断，LED 的位置如图 9-14 中的①所示，LED 的状态及诊断见表 9-6。

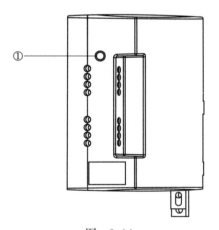

图 9-14

表 9-6

名称	LED 的状态	诊断
DCOK 指示灯	绿灯	所有直流输出都超出指定的最低水平，为正常状态
	关	一个或多个直流输出低于指定的最低水平，为异常状态

ABB 工业机器人
常见故障及说明

　　ABB 工业机器人故障代码的类型分类及说明见附表 1。ABB 工业机器人故障代码的划分及说明见附表 2。ABB 工业机器人常见故障解析见附表 3。

附表 1

图标	类型	说明
ⓘ	提示	将提示信息记录到事件日志中，但是并不要求用户进行任何特别操作
⚠	警告	用于提醒用户系统上发生了某些无须纠正的事件，操作会继续。这些消息会保存在事件日志中
✖	出错	系统出现了严重错误，操作已停止。需要用户立即采取行动对问题进行处理

附表 2

编号	信息类型	说明
1××××	操作	系统内部处理的流程信息
2××××	系统	与系统功能、系统状态相关的信息
3××××	硬件	与系统硬件、工业机器人本体以及控制器硬件有关的信息
4××××	RAPID 程序	与 RAPID 指令、数据等有关的信息
5××××	动作	与控制工业机器人的移动和定位有关的信息
7××××	I/O 通信	与输入 / 输出、数据总线等有关的信息
8××××	用户自定义	用户通过 RAPID 定义的提示信息
9××××	功能安全	与功能安全相关的信息
11××××	工艺	特定工艺应用信息，包括弧焊、点焊和涂胶等 0001 ～ 0199 过程 自动化应用平台 0200 ～ 0399 离散应用平台 0400 ～ 0599 弧焊 0600 ～ 0699 点焊 0700 ～ 0799 博世 0800 ～ 0899 涂胶 1000 ～ 1200 取放 1400 ～ 1499 生产管理 1500 ～ 1549 牛眼 1550 ～ 1599 SmartTac

（续）

编号	信息类型	说明
11××××	工艺	1600 ～ 1699 生产监控 1700 ～ 1749 清枪 1750 ～ 1799 浏览器 1800 ～ 1849 Arcitec 1850 ～ 1899 MigRob 1900 ～ 2399 PickMaster RC 2400 ～ 2449 AristoMig 2500 ～ 2599 焊接数据管理
12××××	配置	与系统配置有关的信息
13××××	喷涂	与喷涂应用有关的信息
15××××	RAPID	与 RAPID 相关的信息
17××××	远程服务	与远程服务相关的信息

附表 3

报警说明或编号	报警含义	故障可能原因	处理对策
Connecting to the robot controller	示教器连接不上系统	1）主计算机故障 2）主计算机内置的 CF 卡（SD 卡）故障 3）主计算机和示教器之间网线断裂或松动	1）检查主计算机是否正常 2）检查或更换主计算机内置的 CF 卡（SD 卡） 3）检查主计算机和示教器之间网线连接是否正常或破损
10013	紧急停止状态	工业机器人控制柜、示教器或者外部的急停信号断开	检查控制柜、示教器或者外部的急停信号是否断开
20032	转数计数器未更新	1）电池没电，SMB 数据丢失 2）编码器电缆、接头损坏 3）SMB 损坏	1）更换电池 2）更换编码器电缆，检查电缆接头 3）更换 SMB 4）移动到各轴的零点位置，更新转数计数器
34200	与所有驱动板的通信中断	轴计算机板和驱动板通信故障	1）检查所有电缆是否已正确连接 2）检查驱动板的 24V 电源是否正常 3）检查 / 更换以太网电缆 4）检查电压分配板与驱动板之间的接线
34316	电动机电流错误	1）电动机电缆连接不当或已损坏 2）电动机电缆的相与相之间或相与大地之间出现短路	1）检查电动机电缆是否受损或连接不良 2）检查电动机电缆内部是否出现短路或接地故障
37001	电动机开启（ON），接触器启动错误	接触器 K42、K43 的辅助触点故障	检查接触器 K42、K43 的辅助触点是否正常

（续）

报警说明或编号	报警含义	故障可能原因	处理对策
38101	SMB通信故障	轴计算机和SMB之间存在传输故障 1）电缆线接触不良或电缆（屏蔽）损坏 2）SMB或轴计算机板出现故障	1）重新设置工业机器人的转数计数器 2）确保SMB和轴计算机板之间的电缆正确连接且符合ABB设定的规格 3）确保电缆屏蔽两端正确连接 4）确保工业机器人接线附近没有强电磁干扰辐射 5）确保SMB和轴计算机板正常工作
38103	与SMB的通信中断	轴计算机和SMB之间存在传输故障 1）电缆线接触不良或电缆（屏蔽）损坏 2）SMB或轴计算机板出现故障	1）重新设置工业机器人的转数计数器 2）确保SMB和轴计算机板之间的电缆正确连接且符合ABB设定的规格 3）确保电缆屏蔽两端正确连接 4）确保工业机器人接线附近没有强电磁干扰辐射 5）确保SMB和轴计算机板正常工作
38209	编码器错误	SMB和编码器之间存在传输故障	1）检查编码器和编码器接头 2）更换SMB 3）更换编码器
39522	轴计算机板未找到	轴计算机板未连接到主机 1）轴计算机板和主计算机连接电缆断裂、接线不良 2）电源中断	1）确保主计算机和轴计算机板之间的电缆未损坏且两个接口均正确连接 2）确保轴计算机板的电源正常 3）重新启动控制器
39530	轴计算机板与安全系统（接触器板、安全板）的通信中断	轴计算机板与接触器板、安全板的通信中断	1）检查轴计算机与接触器板、安全板之间的电缆是否完好无损且正确连接 2）检查连接到接触器板、安全板的电源是否正常 3）确保工业机器人线路附近没有极强的电磁干扰
50056	关节碰撞	工业机器人发生碰撞或制动未打开	1）如果工业机器人发生碰撞，关闭"动作监控"，缓慢移动工业机器人，工业机器人正常后，恢复"动作监控" 2）如果工业机器人未发生碰撞，电动机制动没有打开，检查制动回路
50204	动作监控	工业机器人发生碰撞或制动未打开	1）如果工业机器人发生碰撞，关闭"动作监控"，缓慢移动工业机器人，工业机器人正常后，恢复"动作监控" 2）如果工业机器人未发生碰撞，原因是电动机制动没有打开，检查制动回路
50296	SMB内存数据差异	SMB和主计算机中存储的工业机器人位置数据不一致 1）工业机器人系统未开启时释放制动，移动工业机器人 2）更换SMB板卡	1）如果更换SMB板，选择"清除SMB内存"；选择"替换SMB电路板"；更新转数计数器 2）如果更换主计算机内存卡或人为修改主计算机数据，选择"清除控制柜内存"；选择"已交换控制柜或机械手"；更新转数计数器